武汉大学规划教材建设项目资助出版

腐蚀与防护
综合实验教程

谢学军　廖冬梅　黄荣华　著

武汉大学出版社

图书在版编目（CIP）数据

腐蚀与防护综合实验教程/谢学军,廖冬梅,黄荣华著.—武汉:武汉大学出版社,2022.10

ISBN 978-7-307-22940-2

Ⅰ.腐…　Ⅱ.①谢…　②廖…　③黄…　Ⅲ.①腐蚀—高等学校—教材
②防腐—高等学校—教材　Ⅳ.①TG17　②TB4

中国版本图书馆 CIP 数据核字（2022）第 033739 号

责任编辑:谢文涛　　　责任校对:汪欣怡　　　版式设计:马　佳

出版发行:**武汉大学出版社**　（430072　武昌　珞珈山）

（电子邮箱:cbs22@whu.edu.cn　网址:www.wdp.com.cn）

印刷:武汉中科兴业印务有限公司

开本:787×1092　1/16　　印张:5.5　　字数:127 千字　　插页:1

版次:2022 年 10 月第 1 版　　2022 年 10 月第 1 次印刷

ISBN 978-7-307-22940-2　　　定价:28.00 元

前　言

武汉大学"能源化学工程"专业的前身是"电厂化学"专业,一直是培养电力系统腐蚀与防护专业人才的摇篮和"黄埔军校";既开设专业课"金属腐蚀与防护"及其实验课程"金属腐蚀实验"和"腐蚀与防护综合实验",也开设通识课"材料防护与资源效益",其中"材料防护与资源效益"在"爱课程"中国大学MOOC平台和武汉大学珞珈在线网上开课。"腐蚀与防护综合实验"在武汉大学能源化学工程专业本科生修完专业理论课"金属腐蚀与防护"和实验课"金属腐蚀实验"或武汉大学学生修完通识课"材料防护与资源效益"后开设,是为进一步加深理解、巩固和应用"金属腐蚀与防护""金属腐蚀实验"或"材料防护与资源效益"所学基本知识、理论和实验基本技能而开设的集设计、虚拟仿真、实际实验于一体的学生自主综合实验。学生迫切需要全面介绍如何开展腐蚀与防护综合实验的教材,作者总结"腐蚀与防护综合实验"十六年的教学实践经验,消化吸收近十年的相关文献资料,并有机结合作者近十年腐蚀与防护方面的科研成果写成本书。

本书包括五章和两个附录,第一章绪论,介绍腐蚀与防护综合实验课程的开设意义、教学大纲、教师与学生的角色定位和综合实验题目;第二章以防止50℃和300℃除盐水中20号碳钢的腐蚀为例,介绍设计目的、设计思想和设计50℃、300℃除盐水中20号碳钢的防腐蚀方法;第三章设计实验方案,以验证50℃和300℃除盐水中20号碳钢各防腐蚀方法的防腐蚀效果;第四章介绍与"除盐水中碳钢的腐蚀与防护"相关的实验基本操作;第五章介绍除盐水中碳钢的腐蚀与防护虚拟仿真实验的目的、原理、实验方法和步骤及要求;附录一是除盐水中碳钢的腐蚀与防护虚拟仿真实验的PC端网页版和手机版软件使用说明和操作指南;附录二是水中铁的测定方法。

全书由武汉大学谢学军主持撰写,谢学军撰写第二章、第三章、第四章,谢学军、廖冬梅、黄荣华撰写第一章、第五章,全书由谢学军统稿。

本书在撰写过程中,参阅了有关研究人员的著作、教材和学术论文等资料,特别是参考了慕乐网络科技(大连)有限公司的相关虚拟仿真操作说明并将其作为本书附录,对此一并致以衷心的感谢。

由于作者水平与时间有限,书中难免有疏漏与不妥之处,欢迎读者批评指正。

作　者

2022 年 1 月

目　录

第一章 绪 论

第一节 引 言

火力发电和核能发电，都是在金属制造的热力设备（主要是钢制热力设备）里把水加热变成高温高压蒸汽，推动汽轮机做功并带动发电机做切割磁力线运动而发电。所以，发电过程中金属制造的热力设备一直与高温高压水或水蒸气接触。

20世纪70年代前，我国发电厂尚未应用除盐技术，由于水中含盐，因而热交换设备表面结垢和汽轮机叶片表面积盐严重，结垢和积盐是那时电厂化学面临和要解决的主要问题；热力设备也发生腐蚀，腐蚀也是那时需要解决的问题。为解决这些问题，我国在1958年设立了电厂化学本科专业。

除盐技术在我国发电厂应用后，热力设备表面的结垢和汽轮机叶片表面的积盐现象大大减轻，如果还有结垢和积盐现象发生，也主要是腐蚀产物在热交换设备表面结垢、在汽轮机叶片表面沉积。可以说，虽然发电时用了除盐水，大大减轻了结垢、积盐现象，但腐蚀问题仍没有解决，反而凸显出来了。

与高温高压水或水蒸气接触的钢制热力设备发生的腐蚀，究其原因，一般与氧有关，多从电化学氧腐蚀开始。与高温高压水或水蒸气接触的热力设备的腐蚀问题，是关乎电力生产安全的重大问题。特别是当今超超临界机组的水温已达370℃、蒸汽温度已达605℃、压力超过25MPa（见图1-1）。如果由于腐蚀引起高温高压水或蒸汽泄漏，会导致重大的安全事故。所以，发电热力设备内表面的腐蚀关系到发电机组的安全经济运行，其防腐蚀受到格外重视和关注。

发电厂钢制热力设备的材质主要是碳钢等低合金钢，也有高合金钢甚至不锈钢，不锈钢等高合金钢的耐蚀性较好，一般不发生氧腐蚀。因此，解决与高温高压水或水蒸气接触的热力设备的腐蚀问题，很大程度上就是解决与除盐水接触的碳钢制热力设备的氧腐蚀问题。这是同学们必须了解和掌握的。

如何了解高温高压热力设备内部的腐蚀情况和防腐蚀效果呢？最直观的办法是在发电机组大修时解体检查。但由于大修时间较短、专业化程度较高和现场对安全问题的高度重视，在校学生几乎没有机会参与检查。如何认知碳钢在除盐水中的腐蚀情况、防腐效果呢？一方面通过学习理论知识从理论上推断，另一方面通过模拟实验（如高压釜模拟实验，通常是线下实验）学习、了解。

武汉大学是教育部直属重点综合性大学，国家"985工程"和"211工程"重点建设高校，首批"双一流"建设高校。武汉大学动力与机械学院能源化学工程专业的前身是

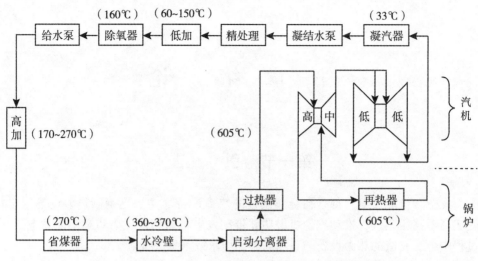

图 1-1 超临界、超超临界火力发电机组水汽系统流程图

"电厂化学"专业，该专业创办 60 多年来，一直拥有一支坚持面向电力系统开展金属腐蚀与防护科研、教学，致力于培养解决发电厂热力设备结垢、积盐和腐蚀问题专业人才的师资队伍，教学、科研上都取得了丰硕成果，曾是武汉水利电力大学的三大王牌专业（高电压与绝缘技术、农田水利工程、电厂化学）之一，被誉为培养电力系统水处理和腐蚀与防护专业人才的摇篮和"黄埔军校"。在金属腐蚀与防护方面，既创新研究开发了许多防腐蚀新技术并应用于电力系统，为电力设备的安全经济运行保驾护航，又在武汉大学开设专业理论课程"金属腐蚀与防护"、实验课程"金属腐蚀实验"和"腐蚀与防护综合实验"，在武汉大学开设通识课程、珞珈在线开设 SPOC 和在"爱课程"中国大学 MOOC平台开设 MOOC《材料防护与资源效益》，致力于培养专业防腐蚀人才和传播防腐蚀意识。

"金属腐蚀与防护"和"金属腐蚀实验"一直是专业核心课程，而且金属腐蚀与防护是专业特色与优势。其中"金属腐蚀与防护"的授课内容包括两部分，前一部分是金属腐蚀与防护的基本理论，后一部分是发电热力设备的腐蚀与防护，主要培养学生掌握金属腐蚀与防护基本理论、防腐蚀基本技术和发电热力设备腐蚀发生的原因、条件、部位、特点、影响因素、防止方法；"金属腐蚀实验"主要培养学生掌握金属腐蚀实验基本原理、方法和操作，加深对金属腐蚀基本原理的掌握和认识。通识课程"材料防护与资源效益"（内含除盐水中碳钢的腐蚀与防护虚拟仿真实验），主要是介绍金属腐蚀与防护基本知识、基本实验技能、金属防腐蚀基本方法，培养金属防腐蚀意识。

第二节 教学大纲

理论密切联系实际、理论指导和应用于实际，既是工科专业教学的基本要求和一般的教学方法，也是工科教学的根本目的；既是工科教师施教的根本指导方针和原则，也是学生学好工科专业的根本途径和方法；同时也是激发学生学习兴趣的触发点。

为了将理论密切联系实际、理论指导和应用于实际落到实处，2006年起，武汉大学能源化学工程专业腐蚀与防护课程组老师开始开设"腐蚀与防护综合实验"。

"腐蚀与防护综合实验"是集设计、线上虚拟仿真实验、线下实验于一体的学生自主综合实验。一方面老师从电力生产实际金属腐蚀问题中凝练提升出综合实验题目，如从发电热力设备接触除盐水发生电化学氧腐蚀，需要防止这一生产实际问题出发，通过分析凝练其共性和普适性、重要性和安全性①，提出"除盐水中碳钢的腐蚀与防护"作为"腐蚀与防护综合实验"的题目；另一方面要求学生将金属腐蚀基本原理和防腐蚀技术与电力生产实际金属腐蚀问题相结合，设计合适的防腐蚀方案和防腐蚀效果验证实验方案②，并开展腐蚀与防腐蚀线上虚拟仿真实验和线下实际实验，实验结果可用于指导解决电力生产实际金属腐蚀问题。

一、教学基本要求

"腐蚀与防护综合实验"既面向化工与制药类、动力类、材料类、机械类各专业和应用化学、水质科学与技术专业等本科生开设，要求这些专业的学生在修完专业理论课"金属腐蚀与防护"和实验课"金属腐蚀实验"后学习，也在通识课"材料防护与资源效益"中开设，是为进一步加深理解、巩固和应用"金属腐蚀与防护""金属腐蚀实验"或"材料防护与资源效益"中所学基本知识、理论和实验基本技能。

教师重点讲授发电热力设备水汽系统的腐蚀基本原理、原则性防护方法，除盐水中碳钢的防腐蚀方案和防腐蚀效果验证实验方案的设计，线上虚拟仿真实验和实际实验的基本原理、方法，以及必要的实验操作要点；指导防腐蚀方案的设计、规范实验基本操作的学习、线上虚拟仿真实验和线下实际实验的开展，考查学生综合实验的全过程（包括设计、学习、线上虚拟仿真实验、线下实际实验）。要求学生在整个综合实验过程中手脑并用，积极思考和行动，强调实事求是和创新发现的科学探索精神。

二、课程内容与学时分配

课程内容与学时分配见表1-1。

表1-1   课程内容与学时分配

课 程 内 容	学时分配
课堂讲授：发电热力设备水汽系统的腐蚀基本原理、原则性防护方法，除盐水中碳钢的防腐蚀方案和防腐蚀效果验证实验方案的设计，线上虚拟仿真实验和线下实验的基本原理、方法，以及必要的实验操作要点。	4学时

---

① 共性和普适性是指发电热力设备都会遇到电化学氧腐蚀，防止电化学氧腐蚀的方法不但应用广泛而且极具价值；重要性和安全性是指热力设备的电化学氧腐蚀与防止，事关人身和设备安全，因而电化学氧腐蚀问题必须解决，而且专业人员必须人人掌握防止电化学氧腐蚀的方法。

② 如无特别说明，防腐蚀效果验证实验方案中包含空白腐蚀实验方案，下同。

课 程 内 容	学时分配
学生针对除盐水中碳钢的腐蚀与防护，根据简单、经济、环保、有效的防腐蚀方案设计要求，设计出经济高效的绿色防腐蚀方案，并设计防腐蚀效果验证实验方案。	4学时
学生根据设计的防腐蚀方案和防腐蚀效果验证实验方案，学习并熟悉相关的规范、实验基本操作，通过线上虚拟仿真实验和线下实际实验，优化设计方案，探究、验证设计的防腐蚀方案的防腐蚀效果，撰写、提交实验报告； 　　教师指导防腐蚀方案和防腐蚀效果验证实验方案的设计，规范实验基本操作的学习，线上虚拟仿真实验和线下实际实验的开展，考查学生综合实验的全过程（包括设计、学习、线上虚拟仿真实验、线下实际实验）。	32学时

三、考核方式

考核防腐蚀方案和防腐蚀效果验证实验方案的设计情况，规范实验基本操作的学习情况，线上虚拟仿真实验和线下实际实验的完成情况，实验报告的完成情况。

第三节　教师与学生的角色定位

一、指导教师的作用和要承担、完成的工作

对"腐蚀与防护综合实验"的题目"除盐水中碳钢的腐蚀与防护"进行解析，讲解综合实验的基本要求、注意事项；批阅、审核学生为综合实验设计的防腐蚀方案和防腐蚀效果验证实验方案，指出设计中存在的问题，并提出修改指导意见；拍摄与"除盐水中碳钢的腐蚀与防护"相关的实验操作视频和开发"除盐水中碳钢的腐蚀与防护虚拟仿真实验软件"，供学生在线上学习与除盐水中碳钢的腐蚀及防护相关的、规范的实验基本操作，防腐蚀方法和防腐蚀效果验证实验方案，进行虚拟仿真实验学习、练习，以帮助学生巩固提高所学腐蚀与防护基本理论知识和实验技能，探究优化除盐水中碳钢的防腐蚀方法，为设计和开展虚拟仿真实验做好必要的准备，同时供学生在线上设计除盐水中碳钢的防腐蚀方案和防腐蚀效果验证实验方案，并根据自己设计的方案进行虚拟仿真实验；为学生提供线下实际实验所需器材、药品等，跟踪实验全过程，发现、指出学生在实验过程中出现的问题，并和学生一起分析、解决问题，批改实验报告，总结每次综合实验的成败得失。

二、学生要承担和完成的工作

针对所布置题目，观看、学习、熟悉规范的实验基本操作，学习、练习虚拟仿真实验，学习防腐蚀方法和防腐蚀效果验证实验方案，运用所学基本知识、理论和实验基本技能，经指导老师指导和自己不断修改、完善，设计防腐蚀方案和防腐蚀效果验证实验方案（包括空白腐蚀实验方案和至少两种防腐蚀方案及防腐蚀效果验证实验方案），到实验室

向指导教师申请并领取实验器材和药品，做空白腐蚀实验、两种或两种以上防腐蚀方案的防腐蚀效果验证实验，完成实验报告。实验报告中要求撰写实验收获与感想，对这种事先只有题目、没有方案、要自己设计防腐蚀方案和验证实验方案的实验形式抒发真情实感，如是否认可，是否更有收获，以及由此产生的各种感想，等等。

第四节　腐蚀与防护综合实验的目的及原理

一、综合实验目的

（1）掌握除盐水中碳钢腐蚀与防护的基本原理和除氧、提高 pH 值、加缓蚀剂防止金属电化学腐蚀的原理。

（2）熟悉金属电化学氧腐蚀的各种影响因素和防腐蚀基本方法，探究新的防腐蚀方法，如探究新的缓蚀剂防腐等。

（3）完成除盐水中碳钢的防腐蚀方案和防腐蚀效果验证实验方案设计。

（4）熟练应用"除盐水中碳钢的腐蚀与防护虚拟仿真实验软件"，完成"除盐水中碳钢的腐蚀与防护虚拟仿真实验"和线下实际实验，验证所设计防腐蚀方案及其防腐蚀效果，并完成实验报告。

（5）培养学生的综合设计能力，运用所学理论知识分析、解决实际问题的能力。

（6）培养学生的科学素养、创新意识、创新能力和探索精神。

二、除盐水中碳钢的腐蚀与防护原理

发电机组的补水是除盐水，热力设备的材质主要是碳钢、低合金钢等，运行时与热力设备接触的水汽的温度有高有低，如给水系统的设备和管道接触的给水温度较高，可达300℃，凝结水系统和闭式冷却水系统的设备和管道接触的水的温度相对较低，只几十℃。发电机组运行时给水和凝结水需要除氧，但通常除氧不彻底，特别是机组启动时；闭式冷却水与大气连通，不能除氧。所以，即使水很干净，如除盐水，也会使给水系统、凝结水系统和闭式冷却水系统发生腐蚀，主要是碳钢、低合金钢在除盐水中发生由氧引起的电化学氧腐蚀，氧含量、电导率、pH 值、温度、流速、表面膜质等是主要影响因素。碳钢、低合金钢在除盐水中发生氧腐蚀的基本原理是形成了腐蚀原电池，即由于除盐水仍有一定导电性，碳钢、低合金钢中的铁充当阳极失电子变成亚铁离子（阳极反应：$Fe-2e \longrightarrow Fe^{2+}$），除盐水中的氧在碳钢或低合金钢中的碳（阴极）上得电子变成 OH^-（阴极反应：$2H_2O+O_2+4e^- \longrightarrow 4OH^-$），形成腐蚀原电池；当 Fe^{2+} 和 OH^- 相遇时可能发生如下一系列后续反应：

$$Fe(OH)_2 \longrightarrow \gamma\text{-}FeOOH \text{ 或 } \alpha\text{-}FeOOH \text{ 或 } Fe_3O_4$$
$$4Fe(OH)_2+O_2+2H_2O \longrightarrow 4Fe(OH)_3$$
$$2Fe(OH)_3 \longrightarrow (3-n)H_2O+Fe_2O_3 \cdot nH_2O$$

生成不同颜色的腐蚀产物，如橙色的 $\gamma\text{-}FeOOH$、黄色的 $\alpha\text{-}FeOOH$、黑色的 Fe_3O_4、砖红色的 Fe_2O_3。这些不同的腐蚀产物之所以有不同的颜色，是由它们的性质和组成决定的：因为 Fe(OH)$_2$ 在有氧的环境中不稳定，一方面在室温下可直接变为橙色的 γ-FeOOH、或黄色的 α-FeOOH、或黑色的 Fe$_3$O$_4$；另一方面 Fe(OH)$_2$ 可继续被氧化为 Fe(OH)$_3$，Fe(OH)$_3$ 再失水变成砖红色的 Fe$_2$O$_3$。

解决与高温高压水或水蒸气接触的热力设备的腐蚀问题，很大程度上就是解决与除盐水接触的碳钢或低合金钢制热力设备的氧腐蚀问题。对于防止腐蚀，可从合理选材、表面处理、电化学保护和介质处理四个方面加以思考、探索，具体到防止给水系统、凝结水系统和闭式冷却水系统等的氧腐蚀，即防止除盐水中碳钢的氧腐蚀，显然合理选材（材料已定）、表面处理（不耐高温和可能影响除盐水水质）、电化学保护（除盐水电导率偏小）都不合适，只有进行介质处理了，如除氧、提高 pH 值或加缓蚀剂。

由电化学氧腐蚀原理可知，如果除盐水中含氧，碳钢等金属会发生氧腐蚀；而除盐水中若不含氧，则碳钢等金属就不会发生氧腐蚀。实际上，如果不采取防腐蚀措施，给水系统、凝结水系统和闭式冷却水系统在运行时确实发生氧腐蚀，是发电机组必然面临的腐蚀问题。所以，除氧是防止氧腐蚀的根本措施，但除氧实施起来很难，彻底除氧更难。如发电机组运行时，给水和凝结水都需要除氧，给水以热力除氧器除氧为主、联胺化学除氧为辅，凝结水是采用联胺进行化学除氧，但机组启动时难以彻底除氧，凝汽器还可能由于密封性问题导致凝结水中总是有一些氧。在实验室，要设计现实可行的有效除氧方法，如通高纯氮气除氧。

如果适当提高除盐水的 pH 值，可大大减轻甚至抑制 20 号碳钢等的腐蚀，如给水 pH 值调节是防止给水系统运行腐蚀的有效措施。关键是要针对具体的除盐水水质，设计、调节合适或足够高的 pH 值，否则腐蚀仍然会发生。

缓蚀剂可以说是一种很神奇魔幻的物质。选用的缓蚀剂合适，极少量（几十 mg/L）就可明显减轻腐蚀或抑制腐蚀；如果选用的缓蚀剂不合适，可能反而加速腐蚀，因为缓蚀剂对介质、金属都有很强的选择性。所以，采用缓蚀剂防腐，一定要针对具体的金属材料和介质体系，设计或选用合适的缓蚀剂；如果没有合适的，则要探究新的合适缓蚀剂。

但在发电机组运行时往给水系统和凝结水系统加缓蚀剂有风险，因为缓蚀剂在机组正常运行时可能会在高温下分解。因此，结合实际进行理论分析认为，为了防止发电机组运行时给水和凝结水系统发生氧腐蚀，应除氧和提高给水和凝结水的 pH 值；闭式冷却水系统因与大气相通，不利于除氧，可以通过提高 pH 值和探索加新的缓蚀剂防腐。

所以，防止除盐水中碳钢腐蚀的方法，可以是除氧、提高除盐水的 pH 值和选用或探究合适的缓蚀剂。

第五节 实 验 方 法

一、挂片实验法

挂片法是最经典的测试金属腐蚀速度或表面宏观形貌的实验方法，也是可真实模拟实际腐蚀条件、腐蚀情况的实验方法。对除盐水中碳钢的腐蚀与防护实验，挂片法更是首选，因为除盐水的电导率较低，不适于进行电化学实验。下面说明可做哪些挂片实验和做这些挂片实验的目的。

发电机组运行时，其给水系统、凝结水系统和闭式冷却水系统等发生氧腐蚀的过程，以及除氧或提高 pH 值有效减轻或抑制给水系统、凝结水系统和闭式冷却水系统等腐蚀的过程，都可通过高压釜或水浴锅挂片实验模拟。探究用于闭式冷却水系统防腐的新的缓蚀剂的实验，也可通过水浴锅挂片实验模拟。因为高压釜和水浴锅实验的挂片材质是给水系统、凝结水系统和闭式冷却水系统等的主要材质 20 号碳钢，采用的除盐水是给水、凝结水和闭式冷却水等的补充水，调节 pH 值用的氨水是给水、凝结水和闭式冷却水等调节 pH 值用的，温度可通过高压釜或水浴锅配备的温控器控制模拟，如要模拟给水、凝结水系统某一部位的温度和闭式冷却水的温度，就在温控器上设置这一温度为恒温温度，高压是指与沸点对应的饱和压力。

通过高压釜或水浴锅挂片模拟实验，观察挂片后试片表面状况、试片质量变化、挂片液中铁含量差异，一方面可直观和通过数据了解到碳钢在除盐水中会发生腐蚀，另一方面也可直观和通过数据了解除氧、提高 pH 值和加入合适缓蚀剂可大大减轻甚至抑制碳钢在除盐水中的腐蚀情况。其中，20 号碳钢在除盐水中的挂片实验，是模拟给水系统、凝结水系统和闭式冷却水系统等的材质、运行过程中的水质和运行条件，感知和认知腐蚀的发生；20 号碳钢在不同氧含量、不同 pH 值除盐水中的挂片实验，是模拟给水系统、凝结水系统等的材质、运行过程中的水质、运行条件和防腐蚀方法，感知和认知不同氧含量下的腐蚀与防护情况、不同 pH 值的防腐蚀效果，找到具有最佳防腐蚀效果的氧含量和 pH 值；20 号碳钢在加入不同缓蚀剂的除盐水中的挂片实验，是模拟闭式冷却水系统的材质、运行过程中的水质、运行条件，探究新的合适的缓蚀剂，感知和认知不同缓蚀剂的防腐蚀效果，找到能抑制 20 号碳钢在除盐水中腐蚀的新的缓蚀剂。

虚拟仿真挂片实验是针对线下挂片实验的不足而开展的，可做的挂片实验更多，实验更具探究性（在第五章有详述）。

所以，腐蚀与防护综合实验通过线上虚拟仿真挂片实验和线下挂片实验相结合开展，是混合式教学。教师从生产实际中发现问题，凝练成实验题目，开发虚拟仿真实验软件，引导学生运用所学理论知识分析问题，提出解决问题的方案。学生先在线上通过虚拟仿真实验软件学习防腐蚀方案和防腐蚀效果验证实验方案、规范的腐蚀与防护实验基本操作，设计防腐蚀方案和防腐蚀效果验证实验方案，探究优化防腐蚀方案，学习和练习开展虚拟仿真实验，然后进行线下实际实验，运用所学理论知识分析和解决实际问题或指导解决生产实际问题，真正做到理论密切联系实际，使知识和能力都得到升华。

二、电化学实验法

在上述水浴锅挂片实验中，当除盐水的电导率因提高 pH 值和加入缓蚀剂而升高时，也可采用电化学实验法进行极化曲线和交流阻抗测试。

三、表面分析法

挂片实验后，可采用 SEM+EDS 或 XPS 表面分析法分析试片表面的微观形貌和元素组成及其含量。

四、水中铁的测定方法——1，10-菲啰啉分光光度法

挂片实验后，可采用化学分析法分析挂片液中金属成分，如采用"水中铁的测定方法——1，10-菲啰啉分光光度法"分析水中铁的含量。

第二章 除盐水中碳钢的防腐蚀方法设计

本章以防止 50℃ 和 300℃ 除盐水中 20 号碳钢的腐蚀为例，设计能够防止 50℃ 和 300℃ 除盐水中 20 号碳钢腐蚀的方法。

第一节 防腐蚀设计目的

（1）将所学金属腐蚀与防护或材料防护与资源效益的基本理论用于解决实际腐蚀问题，即设计出 50℃ 和 300℃ 除盐水中 20 号碳钢腐蚀的防止方法。

（2）形成、掌握防腐蚀思路和方法。

（3）培养独立分析问题、解决问题的能力。

做到思路清晰、学以致用，设计的防腐蚀方案简单、经济、环保、有效，特别是可通过实验室实验验证其防腐蚀效果。

第二节 防腐蚀设计思想

根据金属腐蚀的定义、金属-水体系的电位-pH 图，影响金属腐蚀的因素包括金属材料及其表面状况和腐蚀介质等方面。防止金属腐蚀主要是从提高材料的耐蚀性和减小介质的侵蚀性等方面来考虑，从原理上讲有以下几种防腐蚀方法：

（1）合理选材。根据使用介质的性质，选择在这种介质中较耐蚀的金属材料。因为根据腐蚀定义，在一定环境中，不是所有材料都会腐蚀，因而为防止一定环境中材料的腐蚀，可以选用那些在该环境中不发生腐蚀的材料，即通过合理选材来防腐蚀。如发电厂用不锈钢管输送除盐水，不锈钢管内表面一般不腐蚀，而用碳钢管输送除盐水则其内表面腐蚀明显；在凝汽器的空冷区采用 BFe30-1-1 白铜管代替黄铜管，可防止铜管的氨腐蚀；淡水冷却的凝汽器采用不锈钢管代替黄铜管，可以防止凝汽器管因腐蚀而泄漏。

（2）表面保护。使金属表面形成覆盖层（金属镀层或有机涂层等），以尽量避免金属与腐蚀介质直接接触。因为根据腐蚀定义，腐蚀的发生必然是材料与其周围环境接触发生化学或电化学作用的结果。如果在材料表面形成一个保护性覆盖层，隔离材料与环境，使材料与环境不直接接触，就可以避免材料遭受腐蚀，即通过表面处理来防止腐蚀。如酸碱储罐、储槽的内表面都要内衬橡胶等来防腐；对热力设备来说，腐蚀介质多为高温高压的水或蒸汽，常规表面保护方法大多不适用，主要是通过水质调节使金属表面形成稳定、致密、完整、牢固的氧化膜（钝化）来防止高温介质的侵蚀。

（3）介质处理。根据腐蚀定义，在一定环境中，总是由某些因素（如 O_2、H^+ 等）引起腐蚀、某些因素（如 Cl^- 等）促进或加速腐蚀，因而可以通过去除或控制这些因素，即通过介质处理来防腐蚀，包括除去介质中的有害成分（例如给水除氧，停用锅炉干法保护中的除湿）和向介质中添加碱化剂（如给水加氨水进行 pH 值调节）、缓蚀剂（如锅炉酸洗缓蚀剂）。注意，发电厂锅炉的给水，可以通过除氧来防止给水中氧对碳钢的腐蚀，也可以通过控制给水的氢电导率使其小于 0.15 μS/cm 甚至小于 0.10 μS/cm 和先除氧然后再加氧并控制一定的氧含量来防止给水中氧对碳钢的腐蚀。

根据金属-水体系的电位-pH 值平衡图，可知提高水的 pH 值至合适范围可防止或减轻金属的腐蚀。

（4）电化学保护。根据腐蚀定义，材料在一些环境中发生腐蚀，是因为其与环境之间形成腐蚀原电池而发生了电化学反应。如果能够阻止原电池的形成或电化学反应的发生，也可以防止材料在一些环境中发生电化学腐蚀，如保持环境干燥，或使金属材料在所处环境中的电极电位低于其平衡电极电位等来防腐蚀。保持环境干燥也是通过介质处理来防腐，使金属材料在所处环境中的电极电位低于其平衡电极电位是通过电化学保护中的阴极保护来防腐，如凝汽器冷却水侧的阴极保护等。

由金属-水体系的电位-pH 值平衡图可知，提高金属在水中的电位使金属进入钝化区，或降低金属在水中的电位使金属进入免试区，可以防止或减轻金属的腐蚀。

根据上述金属腐蚀的防腐蚀方法特点，结合 50℃和 300℃除盐水中 20 号碳钢的腐蚀环境，按照简单、经济、有效、环保、能通过实验室实验验证防腐效果的要求，设计能防止 50℃和 300℃除盐水中 20 号碳钢腐蚀的方法。

第三节　50℃和 300℃除盐水中 20 号碳钢的防腐蚀方法设计

一、50℃除盐水中 20 号碳钢的防腐蚀方法设计

因为除盐水水质好、不允许不明物质污染，所以表面处理防腐（如涂层、镀层、内衬等）不合适；因为除盐水的电导率很小，电化学保护也不合适；因为 50℃除盐水一般是会与空气接触的，所以除氧不太现实，但可以通过提高 pH 值、加缓蚀剂防腐。

（一）提高 50℃除盐水的 pH 值防止其中碳钢的腐蚀

图 2-1 所示是以 Fe、Fe_3O_4、Fe_2O_3 为平衡固相的 25℃Fe-H_2O 体系的电位-pH 值平衡图。

由图 2-1 可知，提高 pH 值可以防止 50℃水中碳钢的腐蚀；文献报道的研究结果也表明，碳钢在水中的腐蚀随着水的 pH 值升高而减轻。问题是具体要提高除盐水的 pH 值到多少才能抑制住碳钢的腐蚀，而且随时间延长肉眼观察不到腐蚀的发生、试片质量和除盐水的颜色也不随时间延长而发生变化。为此设计用氨水或 NaOH 母液调节 25℃除盐水的 pH 值分别为 6（实际上不调，空白）、8.0、10.0、12.0 左右，并在水浴锅中恒温 50℃，

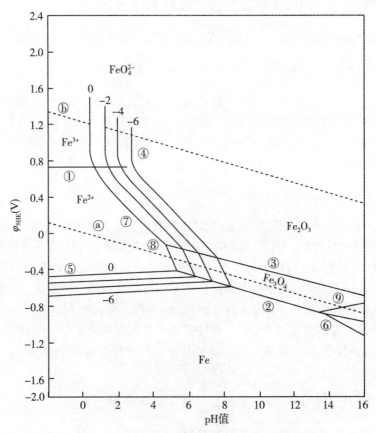

图 2-1 25℃ Fe-H_2O 体系的电位-pH 值平衡图

（平衡固相：Fe、Fe_3O_4、Fe_2O_3）

通过实验室水浴锅挂片实验或三电极电解池电化学实验了解 20 号碳钢在各 pH 值除盐水中的腐蚀与防护情况，找到能抑制住 50℃除盐水中碳钢腐蚀的最低 pH 值。

（二）往 50℃除盐水中加合适缓蚀剂防止其中碳钢的腐蚀

据文献报道，钼酸钠能防止中性水中碳钢的腐蚀，但浓度较高，而且缓蚀效果不稳定；武汉大学谢学军教授通过试验研究开发了一种能防止除盐水中碳钢腐蚀的咪唑啉类缓蚀剂 SXJLY。为此，根据文献报道的钼酸钠和谢学军教授的咪唑啉类缓蚀剂的缓蚀试验结果，设计用市购分析纯钼酸钠和谢学军教授提供的一种咪唑啉 SXJLY 配成母液，按量加入除盐水中，使除盐水中钼酸钠的浓度依次为 0（空白）、100mg/L、200mg/L、400mg/L、800mg/L，和咪唑啉 SXJLY 的浓度依次为 0（空白）、10mg/L、20mg/L、40mg/L、80mg/L，并在水浴锅中加热至 50℃后恒温，通过实验室水浴锅挂片实验或三电极电解池电化学实验，了解 20 号碳钢在 50℃各浓度钼酸钠和咪唑啉 SXJLY 除盐水中的腐蚀与防护情况，找到能抑制住 50℃除盐水中碳钢腐蚀的最低钼酸钠或咪唑啉浓度。

二、300℃除盐水中 20 号碳钢的防腐蚀方法设计

300℃除盐水只能是密闭的，所以可以通过除氧、提高 pH 值、加缓蚀剂防腐。

（一）高压釜通氮气除氧防止 300℃除盐水中碳钢的腐蚀

氧是引起除盐水中碳钢腐蚀的根本因素，所以除氧是防止除盐水中碳钢腐蚀的根本办法，关键是氧要能除干净。为此设计以一定流量高纯氮气通入密封高压釜中，经不同时间除氧的高压釜挂片实验，找到能抑制住高压釜 300℃除盐水中碳钢腐蚀的氮气流量及其最短通氮气除氧时间。

（二）提高除盐水的 pH 值防止 300℃除盐水中碳钢的腐蚀

根据 25℃和高温铁-水体系的电位-pH 值图，提高 pH 值可以防止 300℃水中碳钢的腐蚀；文献报道的研究结果也表明，碳钢在水中的腐蚀随着水的 pH 值升高而减轻。问题是具体要提高 300℃除盐水的 pH 值到多少才能抑制住碳钢的腐蚀，而且随时间延长肉眼观察不到腐蚀发生、试片质量和除盐水的颜色也不随时间延长而发生变化。为此设计用氨水或 NaOH 母液调节 25℃除盐水的 pH 值分别为 6（实际不调，空白）、8、10、12 左右，然后加 600mL 到高压釜中升温至 300℃，通过实验室高压釜挂片实验，了解各 pH 值除盐水升温到 300℃后，其中 20 号碳钢试片的腐蚀情况，找到能抑制住 300℃除盐水中碳钢腐蚀的最低 pH 值。

（三）往 300℃除盐水中加合适缓蚀剂防止其中碳钢的腐蚀

关于发电热力设备高温成膜停用保护，据文献报道，一定浓度的十八胺能防止高温水中碳钢的腐蚀；武汉大学谢学军教授通过试验研究开发了一种能防止高温除盐水中碳钢腐蚀的咪唑啉缓蚀剂 BW。

为此，根据十八胺和一种咪唑啉 BW 的高温成膜缓蚀试验结果，设计用十八胺和咪唑啉 BW 配成母液，按量加入除盐水中，使除盐水中十八胺和咪唑啉 BW 的浓度依次为 0（空白）、5mg/L、10mg/L、20mg/L、40mg/L 和 0（空白）、10mg/L、20mg/L、40mg/L、80mg/L，然后加 600mL 到高压釜中升温至 300℃，通过实验室高压釜挂片实验找到能抑制住 300℃除盐水中碳钢腐蚀的最低十八胺、咪唑啉浓度。

第三章 50℃和300℃除盐水中碳钢防腐蚀方法的防腐效果验证实验方案

本章根据第二章设计的 50℃ 和 300℃ 除盐水中 20 号碳钢的防腐蚀方法，设计各防腐蚀方法防腐效果的实验验证方案。

第一节 50℃除盐水中 20 号碳钢防腐蚀方法的防腐效果验证实验方案

一、用氨水或 NaOH 提高 50℃除盐水的 pH 值防止其中碳钢腐蚀的防腐效果验证实验方案

（一）防腐效果验证实验方案一：水浴锅挂片实验方案

1. 实验目的

（1）将所学化学基本知识和实验基本技能、金属腐蚀与防护基本理论和金属腐蚀实验基本技能用于设计防腐蚀方法，对设计的每一防腐蚀方法的防腐效果设计验证实验并完成，通过评价各防腐蚀方法的防腐效果筛选出真正适于除盐水中 20 号碳钢防腐蚀的方法（绿色、防腐效果好、操作简便、经济成本低）。

（2）形成正确进行实验操作，特别是正确进行仪器操作的思路、习惯，掌握正确的实验操作。

2. 实验原理

根据 25℃ 铁-水体系的电位-pH 值图和文献报道的研究结果可知，提高 pH 值至合适值可以防止 50℃ 水中碳钢的腐蚀。

3. 实验内容

用氨水或 NaOH 母液调节 25℃ 除盐水的 pH 值分别为 6（实际上不调，空白）、8、10、12 左右，在水浴锅中挂片 24h，实验 20 号碳钢试片在 50℃ 上述 pH 值除盐水中的腐蚀与防护情况。

4. 实验步骤

（1）准备试片、磨片、测量试片尺寸并记录，洗片、干燥、称量质量并记录；

（2）配制氨水或 NaOH 母液、配制挂片液、测量挂片前挂片液的电导率和 pH 值并记录；

（3）水浴锅温度设定 50℃、加热、恒温，水浴锅挂片并记录挂片时间；

（4）配制去除试片表面腐蚀产物的酸洗液，取片、去除腐蚀产物、洗片、干燥、称量质量并记录、测试挂片后挂片液的电导率和 pH 值并记录，再磨片、洗片、干燥备用。

5. 通过虚拟仿真实验学习并熟悉的实验基本操作

（1）打磨试片：包括挂片前、后试片的磨片方法（含步骤）。

（2）测量试片尺寸：包括测量试片尺寸的方法（含步骤）。

思考：为什么要用游标卡尺测量试片尺寸？

（3）清洗试片：包括挂片前、后试片的洗片方法（含步骤）。

（4）干燥试片：包括挂片前、后试片的干燥方法。

思考：将试片干燥多长时间合适，为什么？

（5）称量试片：包括挂片前、后试片的电子天平称量方法（含步骤）。

（6）配制母液和挂片液：配制氨水、NaOH 母液及不同 pH 值挂片液。

思考：氨水、NaOH 母液的浓度如何确定？25℃除盐水的 pH 值如何调到 8、10、12 左右？

（7）测量挂片液电导率：包括挂片前、后挂片液电导率的测试方法（含步骤）。

（8）测量挂片液 pH 值：包括挂片前、后挂片液 pH 值的测试方法（含步骤）。

（9）水浴锅挂片：包括水浴锅温度设定（如 50℃）、加热、挂片。

思考：为什么要在空白除盐水和提高 pH 值到 8、10、12 左右的除盐水中挂片？挂片的体面比如何要求，为什么？挂片时间如何要求，为什么？

（10）配制酸洗液：去除试片表面腐蚀产物酸洗液的配制（含步骤）。

（11）取片并去除腐蚀产物、清洗、干燥、称量试片质量，再打磨、清洗、干燥试片备用，包括取片并去除试片表面腐蚀产物的方法（含步骤）。

6. 实验仪器与药品

完成上述"实验内容""实验步骤"所需仪器、药品。

7. 实验结果与分析

记录实验结果，并对实验结果进行分析，评价防腐蚀效果。

8. 结论

得到 pH 值对 50℃除盐水中 20 号碳钢腐蚀的抑制规律，确认能抑制住 50℃除盐水中碳钢腐蚀的最低 pH 值。

（二）防腐效果验证实验方案二：电化学实验方案

1. 实验目的

（1）将所学化学基本知识和实验基本技能、金属腐蚀与防护基本理论和金属腐蚀实验基本技能用于设计防腐蚀方法，对设计的每一防腐蚀方法的防腐效果设计验证实验并完成，通过评价各防腐蚀方法的防腐效果筛选出真正适于除盐水中 20 号碳钢防腐蚀的方法（绿色、防腐效果好、操作简便、经济成本低）。

（2）形成正确进行实验操作，特别是正确进行仪器操作的思路、习惯，掌握正确的实验操作。

2. 实验原理

根据25℃铁-水体系的电位-pH值图和文献报道的研究结果可知，提高pH值至合适值可以防止50℃水中碳钢的腐蚀。

3. 实验内容

用氨水或NaOH母液调节25℃除盐水的pH值分别为6（实际上不调，空白）、8、10、12左右，实验20号碳钢电极在50℃上述pH值除盐水中的腐蚀与防护情况。

4. 实验步骤

（1）准备20号碳钢电极（工作电极）、打磨、清洗备用；

（2）配制氨水或NaOH母液，配制测试用电解质溶液，测量实验前电解质溶液的电导率和pH值并记录；

（3）水浴锅温度设定50℃、加热、恒温，在三电极电解池中倒入测试用电解质溶液、插入参比电极和辅助电极，将三电极电解池放入水浴锅中恒温；

（4）电化学测试系统开机预热；

（5）打开电化学测试软件，做好电位-时间关系测试准备工作；

（6）将工作电极与电化学测试系统连接好，然后放入三电极电解池中合适位置，要求工作电极工作面的中央与参比电极正对，同时开始测试电位随时间的变化；

（7）电位测试时间到，马上开始交流阻抗或动电位阴、阳极极化曲线（阴、阳极极化曲线包括线性极化曲线和Tafel强极化曲线）测试；

（8）交流阻抗或阴、阳极极化曲线测试完毕，将参比电极和辅助电极取出来清洗备用，工作电极取出来再打磨、清洗备用，倒掉电解池中的电解质溶液并清洗干净备用。

5. 需学习、熟悉的实验基本操作

（1）打磨工作电极：参考"打磨试片"。

（2）清洗工作电极：参考"清洗试片"。

（3）配制母液和测试用电解质溶液：参考"配制母液和挂片液"。

（4）测量测试用电解质溶液的电导率：参考"测量挂片液电导率"。

（5）测量测试用电解质溶液的pH值：参考"测量挂片液pH值"。

（6）水浴锅准备：参考"水浴锅挂片"。

（7）电化学测试：包括开机预热；水浴锅温度设定50℃、加热、恒温；水浴锅中放入三电极电解池恒温，在三电极电解池中插入参比电极、辅助电极；打开电化学测试软件，做好电位-时间关系测试准备工作；将工作电极与电化学测试系统连接好，然后放入三电极电解池中合适位置；测试电位随时间的变化、交流阻抗或动电位阴、阳极极化曲线（阴、阳极极化曲线包括线性极化曲线和Tafel强极化曲线）。

6. 实验仪器与药品

完成上述"实验内容""实验步骤"所需仪器、药品。

7. 实验结果与分析

记录实验结果，并对实验结果进行分析，评价防腐蚀效果。

8. 结论

得到pH值对50℃除盐水中20号碳钢腐蚀的抑制规律。

二、往 50℃除盐水中加缓蚀剂钼酸钠或咪唑啉防止其中碳钢腐蚀的防腐效果验证实验方案

（一）防腐效果验证实验方案一：水浴锅挂片实验方案

1. 实验目的

（1）将所学化学基本知识和实验基本技能、金属腐蚀与防护基本理论和金属腐蚀实验基本技能用于设计防腐蚀方法，对设计的每一防腐蚀方法的防腐效果设计验证实验并完成，通过评价各防腐蚀方法的防腐效果筛选出真正适于除盐水中 20 号碳钢防腐蚀的方法（绿色、防腐效果好、操作简便、经济成本低）。

（2）形成正确进行实验操作，特别是正确进行仪器操作的思路、习惯，掌握正确的实验操作。

2. 实验原理

据文献报道，浓度较高的钼酸钠能防止中性水中碳钢的腐蚀；武汉大学谢学军教授通过试验研究开发了一种能防止低温除盐水中碳钢腐蚀的咪唑啉缓蚀剂 SXJLY。

3. 实验内容

用市购分析纯钼酸钠和谢学军教授提供的一种咪唑啉 SXJLY 配成母液，按量加入50℃除盐水中，使除盐水中钼酸钠的浓度依次为 0（空白）、100mg/L、200mg/L、400mg/L、800mg/L，除盐水中咪唑啉 SXJLY 的浓度依次为 0（空白）、10mg/L、20mg/L、40mg/L、80mg/L，在水浴锅中挂片 24h，实验 20 号碳钢试片在 50℃各浓度钼酸钠或咪唑啉除盐水中的腐蚀与防护情况。

4. 实验步骤

（1）准备 20 号碳钢试片、磨片、测量试片尺寸并记录、洗片、干燥、称量质量并记录；

（2）配制钼酸钠或咪唑啉 SXJLY 母液、配制挂片液、测量挂片前挂片液的电导率和 pH 值并记录；

（3）水浴锅温度设定 50℃、加热、恒温，水浴锅挂片；

（4）配制去除试片表面腐蚀产物的酸洗液，取片、去除腐蚀产物、洗片、干燥、称量质量并记录，测量挂片后挂片液的电导率和 pH 值并记录，再磨片、洗片、干燥备用。

5. 通过虚拟仿真实验学习并熟悉的实验基本操作

（1）准备试片；

（2）打磨试片；

（3）测量试片尺寸并记录；

（4）清洗试片；

（5）干燥试片；

（6）试片称量质量并记录；

（7）配制母液和挂片液：配制钼酸钠和咪唑啉 SXJLY 母液及其挂片液；

思考：钼酸钠、咪唑啉 SXJLY 的母液浓度如何确定？

（8）测量挂片液电导率并记录；

（9）测量挂片液 pH 值并记录；

（10）水浴锅挂片；

（11）配制酸洗液；

（12）取片并去除腐蚀产物、清洗、干燥、称量试片质量并记录，再打磨、清洗、干燥试片备用，包括取片并去除试片表面腐蚀产物的方法（含步骤）。

6. 实验仪器与药品

完成上述"实验内容""实验步骤"所需仪器、药品。

7. 实验结果与分析

记录实验结果，并对实验结果进行分析，评价防腐蚀效果。

8. 结论

得到 50℃除盐水中钼酸钠、咪唑啉 SXJLY 对 20 号碳钢腐蚀的缓蚀作用规律，确认能抑制 50℃除盐水中碳钢腐蚀的最低钼酸钠和咪唑啉浓度。

（二）防腐效果验证实验方案二：电化学实验方案

1. 实验目的

（1）将所学化学基本知识和实验基本技能、金属腐蚀与防护基本理论和金属腐蚀实验基本技能用于设计防腐蚀方法，对设计的每一防腐蚀方法的防腐效果设计验证实验并完成，通过评价各防腐蚀方法的防腐效果筛选出真正适于除盐水中 20 号碳钢防腐蚀的方法（绿色、防腐效果好、操作简便、经济成本低）。

（2）形成正确进行实验操作，特别是正确进行仪器操作的思路、习惯，掌握正确的实验操作。

2. 实验原理

据文献报道，浓度较高的钼酸钠能防止中性水中碳钢的腐蚀；武汉大学谢学军教授通过试验研究开发了一种能防止低温除盐水中碳钢腐蚀的咪唑啉缓蚀剂 SXJLY。

3. 实验内容

用市购分析纯钼酸钠和谢学军教授提供的一种咪唑啉 SXJLY 配成母液，按量加入 50℃除盐水中，使除盐水中钼酸钠的浓度依次为 0（空白）、100mg/L、200mg/L、400mg/L、800mg/L，咪唑啉 SXJLY 的浓度依次为 0（空白）、10mg/L、20mg/L、40mg/L、80mg/L，在三电极电解池中测交流阻抗或线性极化曲线和 Tafel 强极化曲线，了解 20 号碳钢电极在 50℃各浓度钼酸钠或咪唑啉除盐水中的腐蚀与防护情况。

4 实验步骤

（1）准备 20 号碳钢电极（工作电极）、打磨、清洗备用；

（2）配制钼酸钠或咪唑啉 SXJLY 母液，配制测试用电解质溶液（含 0、100mg/L、200mg/L、400mg/L、800mg/L 钼酸钠的除盐水，或含 10mg/L、20mg/L、40mg/L、80mg/L 咪唑啉 SXJLY 的除盐水），测量实验前电解质溶液的电导率和 pH 值并记录；

（3）水浴锅温度设定 50℃、加热、恒温，在三电极电解池中倒入测试用电解质溶液、插入参比电极和辅助电极，将三电极电解池放入恒温水浴锅中；

（4）电化学测试系统开机预热；

（5）打开电化学测试软件，做好电位-时间关系测试准备工作；

（6）将工作电极与电化学测试系统连接好，然后放入三电极电解池中合适位置，要求工作电极工作面的中央与参比电极正对，同时开始测试电位随时间的变化；

（7）电位测试时间到，马上开始交流阻抗或动电位阴、阳极极化曲线（阴、阳极极化曲线包括线性极化曲线和 Tafel 强极化曲线）测试；

（8）阴、阳极极化曲线或交流阻抗测试完毕，将参比电极和辅助电极取出来清洗备用，工作电极取出来再打磨、清洗备用，倒掉电解池中的电解质溶液并清洗干净备用。

5. 需学习、熟悉的实验基本操作

（1）打磨工作电极：参考"打磨试片"；

（2）清洗工作电极：参考"清洗试片"；

（3）配制母液和测试用电解质溶液：参考"配制母液和挂片液"；

（4）测量测试用电解质溶液的电导率：参考"测量挂片液电导率"；

（5）测量测试用电解质溶液的 pH 值：参考"测量挂片液 pH 值"：

（6）水浴锅准备：参考"水浴锅挂片"；

（7）电化学测试。

6. 实验仪器与药品

完成上述"实验内容""实验步骤"所需仪器、药品。

7. 实验结果与分析

记录实验结果，并对实验结果进行分析，评价防腐蚀效果。

8. 结论

得到 50℃除盐水中钼酸钠、咪唑啉 SXJLY 对 20 号碳钢腐蚀的缓蚀作用规律。

第二节　300℃除盐水中 20 号碳钢防腐蚀方法的防腐效果验证实验方案

一、高压釜通氮气除氧的防腐效果验证实验方案

1. 实验目的

（1）将所学化学基本知识和实验基本技能、金属腐蚀与防护基本理论和金属腐蚀实验基本技能用于设计防腐蚀方法，对设计的每一防腐蚀方法的防腐效果设计验证实验并完成，通过评价各防腐蚀方法的防腐效果筛选出真正适于除盐水中 20 号碳钢防腐蚀的方法（绿色、防腐效果好、操作简便、经济成本低）。

（2）形成正确进行实验操作，特别是正确进行仪器操作的思路、习惯，掌握正确的实验操作。

2. 实验原理

氧是引起除盐水中碳钢腐蚀的根本因素，所以除氧是防止除盐水中碳钢腐蚀的根本办法，关键是氧要能除干净。为此设计以一定流量高纯氮气通入密封高压釜中除氧，经不同时间的高压釜挂片实验，找到能抑制住 300℃除盐水中碳钢腐蚀的合适通氮气流量及最短通氮气除氧时间。

3. 实验内容

验证"去除除盐水中的氧防止碳钢在除盐水中腐蚀"的实际防腐效果。

4. 实验步骤

（1）准备试片、磨片、测量试片尺寸并记录、洗片、干燥、称量质量并记录；

（2）准备挂片液（除盐水）、测量挂片前挂片液的电导率和 pH 值并记录；

（3）准备高压釜和对高压釜进行气密性检查；

（4）高压釜中放入挂片液并通高纯氮气除氧、高压釜中挂片；

（5）高压釜温度设定 300℃、加热、恒温；

（6）配制去除试片表面腐蚀产物的酸洗液，取片、去除腐蚀产物、洗片、干燥、称量质量并记录，测量挂片后挂片液的电导率和 pH 值并记录，再磨片、洗片、干燥备用。

5. 通过虚拟仿真实验学习并熟悉的实验基本操作

（1）准备试片；

（2）打磨试片；

（3）测量试片尺寸；

（4）清洗试片；

（5）干燥试片；

（6）称量试片质量；

（7）测量挂片液电导率；

（8）测量挂片液 pH 值；

（9）高压釜通高纯氮气除氧：包括高压釜中放入挂片液并通高纯氮气除氧；

思考：除氧的方法有哪些（实验室能实现的有哪些、为什么有的不能实现）、如何实现通氮气除氧（含步骤）？

（10）高压釜挂片：包括高压釜中挂片，高压釜温度设定（如 300℃）、加热；

（11）配制酸洗液；

（12）取片并去除腐蚀产物、清洗、干燥。

6. 实验仪器与药品

完成上述"实验内容""实验步骤"所需仪器、药品。

7. 实验结果与分析

记录实验结果，并对实验结果进行分析，评价防腐蚀效果。

8. 结论

得到通氮气除氧不同时间对除盐水中 20 号碳钢腐蚀的抑制作用规律，确认能抑制除盐水中碳钢腐蚀的合适通氮气流量及最短通氮气除氧时间。

二、用氨水或 NaOH 提高除盐水的 pH 值的防腐效果验证实验方案

1. 实验目的

（1）将所学化学基本知识和实验基本技能、金属腐蚀与防护基本理论和金属腐蚀实验基本技能用于设计防腐蚀方法，对设计的每一防腐蚀方法的防腐效果设计验证实验并完成，通过评价各防腐蚀方法的防腐效果筛选出真正适于除盐水中 20 号碳钢防腐蚀的方法（绿色、防腐效果好、操作简便、经济成本低）。

（2）形成正确进行实验操作，特别是正确进行仪器操作的思路、习惯，掌握正确的实验操作。

2. 实验原理

根据 25℃和高温铁-水体系的电位-pH 值图，提高 pH 值可以防止 300℃水中碳钢的腐蚀；实验研究结果也表明，碳钢在水中的腐蚀随着水的 pH 值升高而减轻。问题是具体要提高除盐水的 pH 值到多少才能抑制住碳钢的腐蚀，而且随时间延长肉眼观察不到腐蚀发生，试片质量和除盐水的颜色也不随时间延长而发生变化。为此设计用氨水或 NaOH 母液调节 25℃除盐水的 pH 值分别为 6（实际不调，空白）、8、10、12 左右，通过实验室高压釜挂片实验了解 300℃各 pH 值除盐水中 20 号碳钢试片 8h 的腐蚀与防护情况，找到能抑制住 300℃除盐水中碳钢腐蚀的最低 pH 值。

3. 实验内容

验证"提高除盐水的 pH 值防止碳钢在除盐水中腐蚀"的实际防腐效果。

4. 实验步骤

（1）准备试片、磨片、测量试片尺寸并记录、洗片、干燥、称量质量并记录；

（2）配制氨水或 NaOH 母液、挂片液，测量挂片前挂片液的电导率和 pH 值并记录；

（3）准备高压釜和对高压釜进行气密性检查；

（4）高压釜中放入挂片液并通高纯氮气除氧，高压釜中挂片；

（5）高压釜温度设定 300℃、加热、恒温；

（6）配制去除试片表面腐蚀产物的酸洗液，取片、去除腐蚀产物、洗片、干燥、称量质量并记录，测量挂片后挂片液的电导率和 pH 值并记录，再磨片、洗片、干燥备用。

5. 通过虚拟仿真实验学习并熟悉的实验基本操作

（1）准备试片；

（2）打磨试片；

（3）测量试片尺寸；

（4）清洗试片；

（5）干燥试片；

（6）称量试片质量；

（7）配制母液和挂片液；

（8）测量挂片液电导率；

（9）测量挂片液 pH 值；

（10）高压釜通氮气除氧；

（11）高压釜挂片；

（12）配制酸洗液；

（13）取片并去除腐蚀产物、清洗、干燥。

6. 实验仪器与药品

完成上述"实验内容""实验步骤"所需仪器、药品。

7. 实验结果与分析

记录实验结果，并对实验结果进行分析，评价防腐蚀效果。

8. 结论

得到不同 pH 值对除盐水中 20 号碳钢腐蚀的抑制作用规律，确认能抑制住 300℃除盐水中碳钢腐蚀的最低 pH 值。

三、往 300℃除盐水中加十八胺或咪唑啉缓蚀剂 BW 防止其中碳钢腐蚀的防腐效果验证实验方案

1. 实验目的

（1）将所学化学基本知识和实验基本技能、金属腐蚀与防护基本理论和金属腐蚀实验基本技能用于设计防腐蚀方法，对设计的每一防腐蚀方法的防腐效果设计验证实验并完成，通过评价各防腐蚀方法的防腐效果筛选出真正适于除盐水中 20 号碳钢防腐蚀的方法（绿色、防腐效果好、操作简便、经济成本低）。

（2）形成正确进行实验操作，特别是正确进行仪器操作的思路、习惯，掌握正确的实验操作。

2. 实验原理

据文献报道，一定浓度的十八胺能防止高温水中碳钢的腐蚀；武汉大学谢学军教授在试验研究过程中找到了一种能防止高温除盐水中碳钢腐蚀的咪唑啉缓蚀剂 BW。

3. 实验内容

验证"加十八胺和一种咪唑啉缓蚀剂 BW 防止碳钢在除盐水中腐蚀"的实际防腐效果。即根据十八胺和咪唑啉 BW 的高温成膜缓蚀试验结果，用十八胺和咪唑啉 BW 配成母液，按量加入 300℃除盐水中，使除盐水中十八胺或咪唑啉 BW 的浓度依次为 0（空白）、5mg/L、10mg/L、20mg/L、40mg/L 或 0（空白）、10mg/L、20mg/L、40mg/L、80mg/L，通过实验室高压釜挂片实验找到能抑制住 300℃除盐水中碳钢腐蚀的最低十八胺、咪唑啉 BW 浓度。

4. 实验步骤

（1）准备试片、磨片、测量试片尺寸并记录、洗片、干燥、称量质量并记录；

（2）配制十八胺和咪唑啉 BW 母液、配制挂片液，测量挂片前挂片液的电导率和 pH 值并记录；

（3）准备高压釜和对高压釜进行气密性检查；

（4）高压釜中放入挂片液并通高纯氮气除氧、高压釜中挂片；

（5）高压釜温度设定 300℃、加热、恒温；

（6）配制去除试片表面腐蚀产物的酸洗液，取片、去除腐蚀产物、洗片、干燥、称量质量并记录，测量挂片后挂片液的电导率和 pH 值并记录，再磨片、洗片、干燥备用。

5. 通过虚拟仿真实验学习并熟悉的实验基本操作

（1）准备试片；

（2）打磨试片；

（3）测量试片尺寸；

（4）清洗试片；

（5）干燥试片；

（6）称量试片质量；

（7）配制母液和挂片液；

（8）测量挂片液电导率；

（9）测量挂片液 pH 值；

（10）高压釜通氮气除氧；

（11）高压釜挂片；

（12）配制酸洗液；

（13）取片并去除腐蚀产物、清洗、干燥。

6. 实验仪器与药品

完成上述"实验内容""实验步骤"所需仪器、药品。

7. 实验结果与分析

记录实验结果，并对实验结果进行分析，评价防腐蚀效果。

8. 结论

得到 300℃除盐水中十八胺、咪唑啉 BW 对 20 号碳钢腐蚀的缓蚀作用规律，确认能抑制住 300℃除盐水中碳钢腐蚀的最低十八胺和咪唑啉 BW 浓度。

第四章 与"除盐水中碳钢的腐蚀与防护"相关的实验基本操作

第一节 与水浴锅挂片相关的实验基本操作

一、准备试片

根据实验要求，采用线切割将实验材料切成所需尺寸的试片，试片规格一般有三种：（1）尺寸为 50mm×25mm×2mm、表面积为 28cm^2 的 I 型试片；（2）尺寸为 72.4mm×11.5mm×2mm、表面积为 20cm^2 的 II 型试片；（3）尺寸为 40mm×13mm×2mm、表面积为 12.5cm^2 的 III 型试片。

然后在试片偏上的中间部位钻一直径为 2mm 的小孔，需要时在试片底部（相对于小孔在上部而言）打编号。图 4-1 所示是尺寸为 50mm×25mm×2mm、表面积为 28cm^2 的 I 型试片。

也可根据实验所需试片材料及其尺寸、数量要求，购买满足实验要求的试片。

图 4-1 尺寸为 50mm×25mm×2mm、表面积为 28cm^2 的 I 型试片

二、打磨试片

将玻璃板放置在平整的桌面上、砂布或砂纸放置在玻璃板上。

试片表面粗糙的，先用砂布打磨，如用 CSG Electrocoated Aluminum Oxide cloth 180 R/R 砂布打磨，然后用不同型号金相砂纸由粗到细依次打磨，不同型号金相砂纸可以是 0$^\#$、2$^\#$、4$^\#$、6$^\#$ 或 1$^\#$、3$^\#$、5$^\#$。

用右手拇指、中指和食指捏住试片在砂纸上打磨，在每种砂纸上只朝一个方向打磨，换下一道砂纸时打磨方向改变90°，每次打磨到前一种砂纸打磨的痕迹看不见时为止。注意，最后是用最大号即粒度最细的金相砂纸打磨试片，最终打磨后试片表面显现的是与试片挂片方向一致的均匀竖纹。

用同样方式逐级打磨每个试片的6个面及小孔侧面。打磨小孔的方法是：把砂布或砂纸用剪刀剪成合适尺寸小块，将剪下来的小块卷成小卷（合适尺寸小块，指卷紧的小卷正好能伸入小孔），把小卷伸入小孔逐级打磨小孔侧面。

三、测量试片尺寸

游标卡尺的构造和形状如图4-2所示，适于测量产品的内、外尺寸，孔距，高度和深度等。

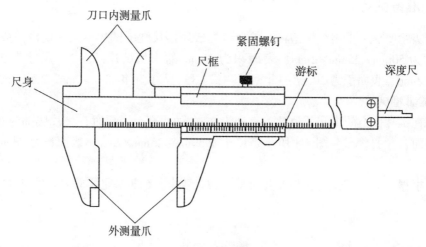

图4-2 游标卡尺的构造和形状

游标卡尺的读数装置如图4-3所示，由主尺尺身和尺框上游标两部分组成，当尺框上的活动测量爪与主尺尺身上的固定测量爪贴合时，尺框上游标的"0"刻线（简称游标零线）与主尺尺身的"0"刻线对齐，此时测量爪之间的距离为零。

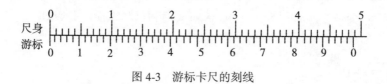

图4-3 游标卡尺的刻线

游标卡尺有0.02mm、0.05mm、0.1mm三种测量精度。以腐蚀实验中常用的0.02mm游标卡尺为例，主尺尺身的刻度间距为1mm，当尺框上的活动测量爪与尺身上的固定测量爪贴合时，主尺尺身上49mm刚好等于游标上50格，游标每格长为0.98mm。尺身与游标的刻度间距相差 1−0.98＝0.02（mm），因此它的测量精度为 0.02mm（游标上已直接用数字刻出）。图 4-4 所示为游标卡尺的读数示例。

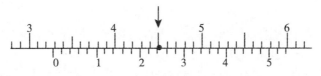

图 4-4　游标卡尺的读数示例

先读整数：看游标零线左边主尺尺身上最靠近的一条刻线的数值，读出该数（被测尺寸的整数部分）；再读小数：看游标零线的右边，数出游标第几条刻线与主尺尺身的数值刻线对齐，读出对齐刻线的顺序数，被测尺寸的小数部分是游标卡尺的测量精度乘对齐刻线的顺序数；得出被测尺寸：把读数的整数部分和小数部分相加，就是游标卡尺的所测尺寸。

使用游标卡尺时要注意：测量前检查测量爪的测量面是否清洁，如果不清洁要擦拭干净；检查尺框和微动装置移动是否灵活，紧固螺钉能否起作用；校对零位，要求卡尺的两测量爪紧密贴合时无明显的光隙，主尺零线与游标尺零线能对齐；带深度尺的游标卡尺用完后，要把测量爪合拢，否则较细的深度尺露在外边，容易变形甚至折断；卡尺使用完毕，要擦净上油，放到卡尺盒内，避免锈蚀或弄脏；如发现游标卡尺存在不准或异常，报修的同时应更换新的游标卡尺使用；测量结束后卡尺要平放，尤其是大尺寸的卡尺更应注意，否则尺身会弯曲变形。

思考：

（1）用游标卡尺测量试片尺寸时，应注意什么？如何读数？

（2）测量试片尺寸时，为什么一般不测量小孔尺寸？计算金属腐蚀速度时为什么一般都不减去小孔面积？

四、清洗试片

在两个广口瓶中分别倒入丙酮和 99.9% 的无水乙醇；戴一次性手套将脱脂棉搓成小棉球浸入广口瓶中；将两把镊子尖端缠上脱脂棉；滤纸为大张定性滤纸时，戴一次性手套折叠大张定性滤纸，将大张定性滤纸按照折痕剪成合适尺寸的正方形小片（合适的尺寸，是指正好能包住试片），如裁成 100mm×100mm 大小正好能包住尺寸为 50mm×25mm×2mm、表面积 28cm^2 的 I 型试片。

用一把尖端缠了脱脂棉的镊子夹住试片，用另一把尖端缠了脱脂棉的镊子夹丙酮浸湿的脱脂棉小球擦洗试片，洗去试片表面的油渍和脏物。再以同样方式用无水乙醇清洗试片，洗去试片表面的脏物。试片洗完后可用吹风机的冷风吹干（也可以不吹），用合适尺寸的定性滤纸包好并在滤纸上作标记。

通常，试片表面有油污时，先用丙酮、再用 99.9% 的无水乙醇清洗试片，即丙酮专门用来洗第一遍，无水乙醇专门用来洗第二遍；如果试片表面无油污，则改用无水乙醇清洗试片两遍,其中一个广口瓶中的无水乙醇专门用来洗第一遍,另一个广口瓶中的无水乙醇专门用来洗第二遍。

五、干燥试片

将试片用合适尺寸的定性滤纸包好,放入普通玻璃干燥器中干燥至恒重后备用。为方便实验安排,一般干燥 12h 或 24h。

试片放入干燥器前,要观察干燥器的密封性,如果发现干燥器的密封性不好,则在盖的磨口上涂一层薄而均匀的凡士林再盖上盖;同时观察干燥器中的硅胶是否失效,如果硅胶变红表明已失效,要更换为未失效的蓝色硅胶,并把失效硅胶放入干燥箱中,在 105℃ 恒温干燥至都变蓝。

六、称量试片质量

用精密天平(如精度为 0.1mg 的电子天平)称量试片的质量,记为 m_0。称量前要找到所用电子天平的使用说明书,熟练掌握所用电子天平的使用方法。这里以 METTLER TOLEDOME 204E 型电子天平(见图 4-5)为例,说明电子天平的正确操作步骤。

图 4-5 METTLER TOLEDOME 204E 型电子天平

使用天平前,先检查天平是否水平。电子天平前面面板上有一个水准泡,水准泡必须位于液腔中央,否则天平不水平、称量不准确。如果水准泡不位于液腔中央,要调回中央,调节方法是旋转天平底部前面的两个调节脚,直至电子天平前面面板上的水准泡位于液腔中央。检查线路插座与天平电源插头是否匹配,插上天平电源预热 1h。检查天平内小烧杯中的硅胶干燥剂是否失效,如果硅胶干燥剂已变红失效,则更换为蓝色的。

打开天平开关,用天平自带外部"200.0000"g 标准砝码对天平进行校正:长按天平前面面板上的"CAL"键,直至液晶显示屏上显示"ADJUST",并马上变为

"ADJ. EXT"；短按天平前面面板上的"↵"键，使天平液晶显示屏上显示"200.0000"，再长按"↵"键，使液晶显示屏上闪烁显示"200.0000"；将天平自带外部"200.0000"g 标准校正砝码放置在天平秤盘的中心位置并关好天平门，天平将自动进行校正；自动校正完，液晶显示屏上将闪烁显示"0.0000"，取出校正砝码并关好天平门；当液晶显示屏上短时显示信息"ADJ. DONE"时，表明天平校正完成；再把天平自带外部"200.0000"g 标准校正砝码放置在天平秤盘的中心位置，查看液晶显示屏上显示的读数是否在"200.0000±0.0001"范围内，如果在此范围内说明此次校正成功，否则继续进行校正直至达到要求。

戴一次性手套将一张合适大小的称量纸放置在天平秤盘的中心位置并关好天平门，按天平前面面板上的"O/T"键，使液晶显示屏上显示"0.0000"，把试片放在称量纸的中央并关好天平门，读数并记录为 m_0。如果试片上有号码，则记录试片上号码，如果试片上没有号码，则对包试片的滤纸编号并记录下来，记录本和滤纸上都记录编号。

七、配制母液和挂片液

先准备好足够的除盐水，根据实验要求找齐实验药品，是挂片液成分的，先配成母液。每个成分的母液浓度，按下列原则确定：（1）加入挂片液中引起的体积误差≤1‰；（2）加入体积不少于 0.5mL 或 1mL。

然后配制组成相同的挂片液，需要配制的组成相同的挂片液体积，根据挂片次数、每次挂片的平行样数、每个试片对应的挂片液与它的体面比 20（cm³/cm²）或 25（cm³/cm²）确定。如每次挂 3 个平行样，则某组成相同的挂片液体积（L）= 挂片次数 × 3 个平行样 × 挂片液与试片的体面比 25（cm³/cm²）×试片的表面积（cm²）/1000。组成相同的挂片液要一次性配好。

1. 配制钼酸钠母液和挂片液

根据母液配制原则，用电子天平、100mL 烧杯称取 50g 分析纯钼酸钠，用适量除盐水溶解并转移入 250mL 容量瓶中，定容、摇匀，即配成钼酸钠含量为 200mg/mL 的钼酸钠母液。贴上标签，写明所配溶液名称钼酸钠母液、钼酸钠浓度 200mg/mL 和配制日期。

配制浓度分别为 100mg/L、200mg/L、400mg/L、800mg/L 的钼酸钠挂片液：在 4 个 2L 烧杯中用 1L 量筒分别加入 1999mL、1998mL、1996mL、1992mL 除盐水，然后用 10mL 移液管分别加入 1mL、2mL、4mL、8mL 浓度为 200mg/mL 的钼酸钠母液，用玻璃棒搅拌均匀，即配得浓度分别为 100mg/L、200mg/L、400mg/L、800mg/L 的钼酸钠挂片液。

2. 配制咪唑啉母液和挂片液

根据母液配制原则，用电子天平称取 5.0g 咪唑啉 SXJLY 或咪唑啉 BW，用适量除盐水溶解并转移入 250mL 容量瓶中，定容、摇匀，即配成咪唑啉含量为 20mg/mL 的咪唑啉母液。贴上标签，写明所配溶液名称咪唑啉母液 SXJLY 或咪唑啉母液 BW、咪唑啉浓度 20mg/mL 和配制日期。

配制浓度分别为 10mg/L、20mg/L、40mg/L、80mg/L 的咪唑啉 SXJLY 挂片液：在 4 个 2L 烧杯中用 1L 量筒分别加入 1999mL、1998mL、1996mL、1992mL 除盐水，然后用 10mL 移液管分别加入 1mL、2mL、4mL、8mL 浓度为 20mg/mL 的咪唑啉 SXJLY 母液，用

玻璃棒搅拌均匀，即配得浓度分别为 10mg/L、20mg/L、40mg/L、80mg/L 的咪唑啉 SXJLY 挂片液。

配制浓度分别为 10mg/L、20mg/L、40mg/L、80mg/L 的咪唑啉 BW 挂片液：在 4 个 1L 烧杯中用 1L 量筒分别加入 999.5mg/L、999mg/L、998mg/L、996mL 除盐水，然后用 5mL 移液管分别加入 0.5mL、1mL、2mL、4mL 浓度为 20mg/mL 的咪唑啉 BW 母液，用玻璃棒搅拌均匀，即配得浓度分别为 10mg/L、20mg/L、40mg/L、80mg/L 的咪唑啉 BW 挂片液。

3. 配制氢氧化钠母液和挂片液

（1）配制 pH 值为 11~12 的氢氧化钠溶液（既是母液也是挂片液）。

用电子天平称取 0.8g 氢氧化钠并用除盐水溶解，转移入 1 个 2L 的烧杯中，定容，用玻璃棒搅拌均匀，即配得 2L pH 值为 11~12 的氢氧化钠挂片液，取 50mL 用 pH 计测量其 pH 值（25℃ pH 实测值在 11~12 即可）。

（2）配制 pH 值为 7~8、9~10 的氢氧化钠挂片液。

在 2 个 2L 烧杯中用 1L 量筒分别加入 1999mL、1990mL 除盐水，然后用 1mL 移液管和 10mL 移液管分别加入 0.1mL、10mL 的 pH 值约为 12 的氢氧化钠母液，用玻璃棒搅拌均匀，即配得 pH 值分别为 7~8、9~10 的氢氧化钠挂片液，取 50mL 用 pH 计测量其 pH 值（25℃ pH 实测值在 7~8、9~10 即可）。

4. 配制氨水母液和挂片液

（1）配制 pH 值为 11~12 的氨水溶液（既是母液也是挂片液）。

用量筒量取 1880mL 除盐水于 1 个 2L 烧杯中，然后用量筒加入 120mL 分析纯浓氨水（浓度约 17%），用玻璃棒将溶液搅拌均匀，即配得 pH 值为 11~12 的氨水溶液。取 50mL 用 pH 计测量其 pH 值（25℃ pH 实测值在 11~12 即可）。

（2）配制 pH 值为 9~10 的氨水溶液（既是母液也是挂片液）。

用量筒量取 1937mL 除盐水于 1 个 2L 烧杯中，然后用量筒加入 63mL 的 pH 值为 11~12 的氨水溶液，用玻璃棒搅拌均匀，即配得 pH 值为 9~10 的氨水溶液。取 50mL 用 pH 计测量其 pH 值（25℃ pH 实测值在 9~10 即可）。

（3）配制 pH 值为 7~8 的氨水挂片液。

用量筒量取 1980mL 除盐水于 1 个 2L 烧杯中，然后用量筒加入 20mL 的 pH 值为 9~10 的氨水溶液，用玻璃棒搅拌均匀，即配得 pH 值为 7~8 的氨水挂片液。取 50mL 用 pH 计测量其 pH 值（25℃ pH 实测值在 7~8 即可）。

八、测量挂片液电导率

不同厂家和不同型号的电导率仪的使用方法不一样，请先看懂所用电导率仪的说明书，按说明书操作电导率仪来测除盐水和水溶液的电导率。下列步骤是用雷磁 DDS-307 型电导率仪（见图 4-6）测除盐水和水溶液的电导率必须注意的。

（1）测量前接通电导率仪电源，预热 10min 以上。

（2）测量前要估算所测介质（如除盐水、水溶液）的电导率，根据所估算电导率选择适于测量所测介质电导率的电极。

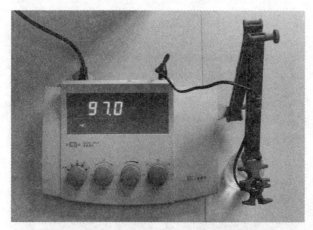

图 4-6　雷磁 DDS-307 型电导率仪

因实验室除盐水的电导率<2.0 μS/cm，故选择电极常数为 1.0 的光亮铂电导电极测实验室除盐水的电导率。

（3）预热时调节电导率仪，使面板显示 25℃ 或调节温度旋钮指向 25℃；测量时再调到实际温度，也就是待测除盐水或水溶液的温度。

为使测量结果具有可比性，应尽量都在 25 ±1℃ 测，因而测量前应尽量把待测除盐水或水溶液的温度用水浴锅调节到 25 ±1℃。

（4）测量前调节电导率仪，使面板显示所用电极的电极常数值。

（5）测定待测除盐水或水溶液的电导率：在 50mL 小烧杯中倒入 40mL 水，电极铂片全部浸入水中，读取面板稳定显示的电导率值并记录下来。

九、测量挂片液 pH 值

不同厂家和不同型号的 pH 计的使用方法不一样，请先看懂所用 pH 计的说明书，按说明书操作 pH 计来测除盐水和水溶液的 pH 值。下列步骤是用雷磁 PHS-3C 型 pH 计测除盐水和水溶液的 pH 值必须注意的。

（1）测量前，接通 pH 计电源，预热 10min 以上。

（2）测量前，要根据所测介质的特点选择电极。除盐水水质较纯，其 pH 值宜用双电极即玻璃电极加饱和甘汞电极测量，其余的水或水溶液的 pH 值可用 pH 复合电极测量。为使测量结果具有可比性，尽量都在 25 ±1℃ 测。

pH 玻璃电极使用前建议在去离子水中浸泡 2h 左右以使电极处于最佳工作状态。电极测量端向下，捏住黑色电极帽部分，轻甩数次，使敏感玻璃膜内充满溶液、没有气泡。

第一次使用的 pH 复合电极或长期停用的 pH 复合电极，使用前必须在 3mol/L KCl 溶液中浸泡 24h。

饱和甘汞电极在使用时，电极上端小孔的橡皮塞必须拔去，以防止产生扩散电位影响测试结果，电极下端的橡皮保护套必须拔去，否则电极与所测介质不能直接接触；饱和甘汞电极内 KCl 溶液中不能有气泡，以防止断路，溶液内应保留少许 KCl 晶体，以保证 KCl 溶液的饱和。雷磁 PHS-3C 型 pH 计见图 4-7。

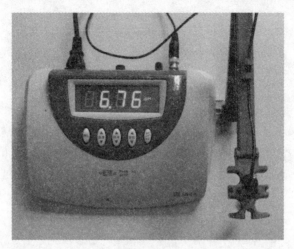

图 4-7　雷磁 PHS-3C 型 pH 计

测完 pH 值，也就是电极使用完，将 pH 玻璃电极或 pH 复合电极下端保护帽盖上（pH 玻璃电极下端保护帽内盛除盐水，pH 复合电极下端保护帽内盛 3mol/L KCl 溶液），将 pH 复合电极上端小孔塞上橡皮塞，将饱和甘汞电极上端小孔塞上橡皮塞、下端带上橡皮保护套。

（3）pH 计定位。一般采用两点定位，因定位液一般有 25℃ pH 值为 4.005、6.865、9.180 的三种，所以定位前要估算所测介质（如除盐水或水溶液）的 pH 值，根据所估算的 pH 值选择定位液。如果所测介质的 pH 值大于 7，则选择 25℃ pH 值为 6.865、9.180 的两种定位液并配制好；如果所测介质的 pH 值小于 7，则选择 25℃ pH 值为 4.005、6.865 的两种定位液并配制好。

定位前，先用除盐水冲洗电极及测试小烧杯 2 次以上，并用干滤纸将电极底部残留水分轻轻吸干。将配制好的 25℃ pH 值为 6.865 的缓冲溶液倒入小烧杯中，电极浸没入缓冲溶液中，缓冲溶液温度调节到 25 ±1℃，调节定位旋钮或按钮，使 pH 计面板显示的 pH 值等于 6.865。重复 2 次，直至误差在所用 pH 计允许范围内。

（4）复定位。将配制好的 25℃ pH 值为 4.005 或 9.180 的缓冲溶液倒入小烧杯中，电极浸没入缓冲溶液中，缓冲溶液温度调节到 25 ±1℃，调节斜率旋钮或按钮，使 pH 计面板显示的 pH 值等于 4.005 或 9.180。重复 2 次，直至误差在所用 pH 计允许范围内。

（5）测定待测除盐水或水溶液的 pH 值：在 50mL 小烧杯中倒入 40mL 除盐水或水溶液，电极全部浸入水中，温度调节到 25 ±1℃，读取面板稳定显示的 pH 值并记录下来。

十、水浴锅挂片（不除氧的水浴锅挂片）

（1）水浴锅恒温温度设定与加热。

在水浴锅里装入 2/3 体积的水（最好是除盐水，没有除盐水就用自来水）、插入一支温度计，插上电源，打开水浴锅加热开关加热水浴锅里的水；根据实验要求，设定实验温度为恒温温度；待水浴锅里的水加热到恒温后，比较水浴锅显示的温度是否与温度计的读数相差在±1℃范围内，如果相差超过±1℃，则根据相差值重新设定水浴锅恒温温度，直至温度计显示的温度与实验要求温度的误差在±1℃范围内。

（2）测量挂片液的电导率、pH 值并记录。

（3）挂片。

用剪刀剪一根长约 20cm 的细尼龙线，戴一次性手套用无水乙醇浸湿的脱脂棉小球把尼龙线洗干净；将尼龙线穿过试片小孔并打一宽松结，然后将尼龙线悬挂在玻璃棒上、玻璃棒搁烧杯上，使试片挂在烧杯中央；在烧杯中倒入挂片液，使挂片液与试片的体面比为 25（cm^3/cm^2），试片浸泡在挂片液液面下至少 1cm、离烧杯底部至少 1cm；用保鲜膜封住烧杯口，以防挂片过程中挂片液挥发损失和被污染；将挂了片的烧杯置于已恒温的水浴锅中，开始计时并记录下来。

挂片时间根据实验需要确定，确定原则如下：

①试片表面开始有明显腐蚀发生或与对照试片表面相比开始有明显差异；

②试片开始有电子天平可称量的质量变化，或挂片液中可开始检测出试片基体成分。

挂片过程中，挂片时间短于 1 天的，每小时掀开烧杯口一角的保鲜膜 1 次，通空气并观察试片表面的变化；挂片时间长于 1 天的每天掀开烧杯口一角的保鲜膜 1 次，通空气并观察试片表面的变化。

十一、水浴锅恒温、广口瓶中除氧挂片（除氧的水浴锅挂片）

（1）水浴锅恒温温度设定与加热。在水浴锅里装入 2/3 体积的水（最好是除盐水，没有除盐水就用自来水）、插入一支温度计，插上电源，打开水浴锅加热开关加热水浴锅里的水；根据实验要求，设定实验温度为恒温温度；待水浴锅里的水加热到恒温后，比较水浴锅显示的温度是否与温度计的读数相差在±1℃范围内，如果相差超过±1℃，则根据相差值重新设定水浴锅恒温温度，直至温度计显示的温度与实验要求温度的误差在±1℃范围内。

（2）广口瓶挂片装置的气密性检查。将氮气瓶总开关后的减压阀用状态良好的硅橡胶通气管与流量计进口连接，将带两孔塞的广口瓶的进气玻璃管用硅橡胶通气管与流量计出口连接，连接处要连紧；用状态良好的硅橡胶通气管的一端连接带两孔塞的广口瓶的出气管、另一端连接一短玻璃管，玻璃管插入装有一半自来水的小烧杯中。

打开氮气瓶总开关，然后缓慢打开氮气瓶总开关后的减压阀，当流量计示数达到 40L/h 左右时，如果带两孔塞的广口瓶的出气管连接的短玻璃管在小烧杯中有气泡冒出，则气密性良好；缓慢关闭氮气瓶总开关后的减压阀，最后拧紧氮气瓶总开关，卸掉通气管。

注意：氮气纯度应为 99.999%，氮气瓶总开关是向顺时针方向旋转为关、向逆时针方向旋转为开，而氮气瓶总开关后的减压阀是向顺时针方向旋转为开、逆时针方向旋转为关。

（3）测量挂片液的电导率、pH 值并记录。

（4）挂片。

把广口瓶及所带两孔塞、进气和出气玻璃管洗干净；用剪刀剪一根长约 20cm 的细尼龙线，戴一次性塑料手套用无水乙醇浸湿的脱脂棉小球把尼龙线洗干净；将尼龙线穿过试片小孔并打一宽松结，然后将尼龙线悬挂在广口瓶所带两孔塞的下方小孔上，使试片挂在广口瓶中央；在广口瓶中倒入挂片液，使挂片液与试片的体面比为 25（cm^3/cm^2），试片浸泡在挂片液液面下至少 1cm、离烧杯底部至少 1cm；用两孔塞塞住广口瓶瓶口，迅速连接好通气管的同时，打开氮气瓶总开关和氮气瓶总开关后的减压阀并调节减压阀，待带两孔塞的广口瓶的出气管连接的短玻璃管在小烧杯中有气泡冒出、流量计示数达到 40L/h 左右时开始计通氮气除氧时间。通氮气除氧时间根据广口瓶挂片实验所需氧含量确定。

注意：广口瓶中以 40L/h 左右流量通氮气除氧时间与广口瓶挂片液中剩余氧含量的关系需事先实验或查找到。

十二、配制酸洗液

根据试片材料，选择表面腐蚀产物的去除液并配制。如碳钢试片挂在除盐水中，其表面的腐蚀产物可用加缓蚀剂苯扎溴铵的稀盐酸溶液去除，其配制方法是：在 1 个 500mL 烧杯中装入 300mL 除盐水；在通风柜中轻轻拧开装分析纯浓盐酸的玻璃瓶的外盖，再小心取下玻璃瓶的内盖，用量筒量取 57mL 分析纯浓盐酸倒入装有 300mL 除盐水的 500mL 烧杯中，用玻璃棒轻轻搅拌，同时给装浓盐酸的瓶子依次盖上内盖、外盖；接下来用量筒量取 50mL 浓度为 5% 的医用苯扎溴铵溶液，将量取的苯扎溴铵溶液倒入稀释后的盐酸中；将混合溶液倒入 500mL 容量瓶中，注意要用玻璃棒引流倒入，倒完后用除盐水洗烧杯及玻璃棒 3 遍，依然用玻璃棒引流转移清洗水；定容：容量瓶内液面离 500mL 刻度线还有一段距离时，倒入除盐水至离刻度线还有约 1mm 时停止，改用胶头滴管慢慢滴除盐水至 500mL 刻度线，然后将容量瓶活塞盖紧并上下颠倒混匀溶液；最后贴上标签，写明所配溶液名称酸洗液、盐酸浓度 5%、缓蚀剂苯扎溴铵浓度 5‰ 和配制日期。

十三、取片并去除腐蚀产物、清洗、干燥、称量，再打磨、清洗、干燥试片备用

挂片时间到，肉眼观察试片表面不腐蚀或腐蚀程度轻微的，将试片从挂片容器中取出，用洗瓶装除盐水冲洗掉试片表面的液体；将冲洗后的试片用滤纸吸干，用无水乙醇清洗试片 2 遍，进一步洗去试片表面的残留物；再用滤纸吸干、吹风机冷风吹干（也可不吹，自然晾干）后置于干燥器中干燥（12h 或 24h）至恒重。

挂片时间到，肉眼观察试片表面腐蚀较严重的，将试片从烧杯中取出，用洗瓶装除盐水冲洗掉试片表面的液体，然后将试片放入装有清洗液的烧杯中，用竹镊子夹脱脂棉小球洗去试片表面的腐蚀产物，将去除腐蚀产物后的试片取出，用除盐水冲洗掉试片表面的残留清洗液，用滤纸吸干试片表面水分，用无水乙醇清洗并用吹风机冷风吹干（也可不吹，自然晾干）后置于干燥器中干燥（12h 或 24h）至恒重。

再用精度为 0.1mg 的电子天平称量试片的质量，记为 m_1。结合试片的原始质量 m_0 及尺寸，计算每个试片的腐蚀速率。某个实验条件下试片的腐蚀速率，通常取三个平行试片的腐蚀速率的平均值。

再次打磨、清洗、干燥试片备用。

十四、挂片后挂片液电导率、pH 值及其中金属基体主要成分的测定

（1）挂片时间到，取试片的同时迅速取样测量挂片液的电导率、pH 值并记录。

（2）取样测量挂片液中金属基体主要成分的含量并记录。

如测碳钢挂片液中铁的含量，测量方法见附录二水中铁的测定方法——1,10-菲啰啉分光光度法。

十五、腐蚀产物及腐蚀形貌观察

必要时，将打磨好的试片、挂片后未去除腐蚀产物的试片和挂片后已去除腐蚀产物的试片，用扫描电镜（SEM）观察其表面腐蚀形貌，用与扫描电镜配套的能量散射光谱仪（EDS）分析表面元素组成及相对含量，或用 X 射线光电子能谱（XPS）分析表面元素组成及其价态，并判断腐蚀类型。

（1）扫描电镜（SEM）及其配套的能量散射光谱（EDS）分析。

扫描电子显微镜（Scanning electron microscope，SEM）是一种微观形貌观察和微区分析手段。是利用聚焦得非常细的高能电子束在试样上扫描，即照射被检测的试样表面，由于电子与试样的相互作用，激发出各种物理信息，如反映试样微区形貌、结构及成分的各种信息；通过检测二次电子或背散射电子的信息并接收、放大和显示成像，获得试样表面的形貌。

EDS 是一种与 SEM 结合使用的化学微量分析技术，通过检测在电子束轰击期间从样品发射的特征 X-射线的波长（频率）与强度，以表征样品的元素组成，可以分析小至 $1\mu m$ 或更小的特征或相位。当样品被 SEM 的电子束轰击时，电子从构成样品表面的原子中射出；所产生的电子空位由来自较高状态的电子填充，并且发射 X 射线以平衡两个电子态之间的能量差，X 射线能量是发射它的元素的特征；EDS 的 X 射线探测器测量发射的 X 射线相对于其能量的相对丰度；探测器通常是锂漂移的硅固态器件，当入射的 X 射线撞击探测器时，它产生的电荷脉冲与 X 射线的能量成比例，通过电荷敏感的前置放大器将电荷脉冲转换为电压脉冲（其与 X 射线能量成比例），然后将信号发送到多通道分析仪，其中脉冲按电压分类；根据电压测量确定的每个入射 X 射线的能量被发送到计算机，进行显示和进一步的数据评估，通过评估 X 射线能量与计数的光谱，可以确定采样体积的元素组成。

可以采用 TESCAN Brno, s. r. o. MIRA3 场发射扫描电子显微镜和 Oxford Instruments Nanoanalysis Aztec Energy 能谱仪观察试片表面的微观形貌特征和进行元素成分分析，也可以使用场发射扫描电子显微镜（Zeiss SIGMA FESEM）及其自带能谱工作站观察试片的表面状态和进行元素成分分析。

Zeiss SIGMA FESEM 的操作规程如下。

①开机：

a. 观察室内温度、氮气压力、循环水温度（要求保持在20℃）；

b. 按绿键，电脑自动启动；

c. 启动 SmartSEM 软件，输入用户名：user，密码：keywords；

d. 检查真空读数：System vacuum < 5 × 10^{-5}mBar；Gun vacuum < 5 × 10^{-9}mBar。

②放样测试：

a. 关闭 EHT 高压；

b. 打开 TV，开始下降样品台，观察样品台动作时会不会碰到探头；

c. Vent 卸除样品室真空状态，等待约 1min，注意不要动氮气压力表；

d. 将样品放入样品室，必要时进行固定；

e. 轻推样品室舱门，pump 抽真空（抽真空时手推紧一下仓门）；

f. 推动摇杆，将样品台上升到合适高度（约 5mm）；

g. 真空度达到 4.00 × 10^{-5}mBar 以下时，可打开设定高压，取像。

③待机：

a. 关闭 EHT 高压；

b. 打开 TV，降下样品台；

c. Vent 卸除样品室真空状态；

d. 将样品取出；

e. 关闭样品室舱门，pump 抽真空，等待约 2min；

f. 关闭 SmartSEM 软件；

g. 退出 EM server 后台（电脑右下角右键退出）；

h. 关闭电脑；

i. 等待 1min 后按下 standby 黄键待机。

Zeiss SIGMA FESEM 场发射扫描电镜自带能谱工作站的操作规程如下：

①开启能谱仪总电源和能谱工作站机箱电源；

②打开 EDAX GENESIS 能谱分析软件，在 XT SERVER 图像分析的操作窗口中冻结样品舱的摄像头红外灯；

③将电镜置于外部扫描控制方式；

④在工作界面上根据计数率选择时间常数（Amp time），使死时间在 20%～40% 范围内选择；根据实际情况预置收集时间，到时将自动停止收集谱线；

⑤使用"Collect"键开始谱线的收集和停止。预置收集时间到时，按"Collect"键能使谱线自动停止收集；

⑥实验完成后，关闭软件及工作站机箱电源，关闭能谱仪总电源。

（2）X 射线光电子能谱（XPS）分析。X 射线光电子能谱（X-ray photoelectron spectroscopy，XPS）分析是用 X 射线去辐射样品，使原子或分子的内层电子或价电子受激发射出来。被光子激发出来的电子称为光电子，通过测量光电子的能量，并以光电子的动能为横坐标、相对强度（脉冲/s）为纵坐标可作出光电子能谱图，从而获得待测物组成。

X-射线光电子能谱分析仪可以使用 KRATOS 公司的 XSAM800XPS 分析仪，其激发源是 MgKα1253.6eV，功率 16mA×12.5kV，分析器模式为 FRR 中分辨率，分析室真空优于 2×10^{-7}Pa，以沾污 C_{1s} = 284.6eV 为能量参考；也可以采用美国 Thermo Fisher Scientific 光电子能谱分析仪（型号 ESCALAB250Xi）和 XPSPEAK41 软件分析试片表面的化学成分及个别元素的价态。以下是 ESCALAB250Xi 型 X 射线光电子能谱仪的操作规程。

①样品用双面胶固定在样品台上。粉末样品要做压片，压片厚度最好小于 0.3mm，压片粉末样品放置在样品托上之后，要将样品托上残留的粉尘和碎屑吹干净。

②点击"Vent Entry Lock"键给进样室充高纯氮气，待进样室充气至常压后（约3min），打开进样室门，放上已准备好待测样品的样品托，关紧进样室门并且锁住。

③点击"Pump Down Entry Lock"键开始给进样室抽气。注意观察真空度变化，待进样室的真空度优于 5×10^{-7}mBar（一般高于 2×10^{-7}mBar）时，送样进入分析室内。实验前检查分析室真空度，通常要优于 2.0×10^{-8}mBar。

④新建一个实验文件（File →New experiment），或调入一个已存储的实验文件，命名并设定存放文件位置。

⑤确定 X 光源的冷却水运转正常。

⑥在实验程序中插入或修改 X-ray 光源参数。在实验程序中插入点（Point）或线（Line）等分析模式。读取点的位置，并设定自动寻找样品高度，记下此时的 Z 轴位置。

⑦在实验程序中插入扫全谱，并按照实验要求设定各参数，一般情况下自动寻高后的高度要在 Z 轴高度设定的范围内（通常为 $\pm300\mu m$）。扫全谱 Survey；自动寻峰分析全谱并根据全谱中各元素的含量设定窄谱的参数；取消 Point 参数中的自动寻高，扫窄谱。

⑧必要时，对样品做刻蚀清洁或开电子中和枪进行荷电补偿。

⑨确认完成实验后，关闭 X 光源，并检查冷却水状态。

⑩保存所测的数据（File →Save as）。

第二节　与高压釜挂片相关的实验基本操作

一、试片准备

打磨试片，测量试片尺寸，清洗、干燥、称量试片质量。

二、高压釜通氮气除氧和挂片

以大连通产高压釜容器制造有限公司（原大连第四仪表厂）生产的 FYX 1 型高压釜为例。

1. 高压釜气密性检查

（1）新买的 1L 高压釜、长时间未使用的 1L 高压釜，使用前应检查高压釜各管接件和紧固件是否松动，如果松动要紧牢，检查压力表、温控仪是否失灵，并对高压釜进行气密性检查。检查气密性时不需要挂试片。

（2）将高压釜釜盖移至釜体上方并慢慢合上釜盖，以免碰伤接合面；釜盖盖上后，垫上垫片并按号码对称拧上螺帽，用扭力扳手按对角、对称的方法分两次逐步拧紧螺帽；用扭力扳手拧紧螺帽时，用力要均匀，先用 50N·M 对称拧一遍，然后用 100N·M 再对称拧一遍，不可超过 100N·M 拧，否则易损坏高压釜接合面造成漏气。注意，上螺帽时一定要对号入座,且用扭力扳手成十字形对称固紧,以避免受力不均;螺帽不要一次扭到位,应逐步加力对称上紧。高压釜及其温控器、氮气瓶如图4-8所示。

图4-8 高压釜及其温控器、氮气瓶

(3)将氮气瓶总开关后的减压阀用状态良好的硅橡胶通气管与流量计的进口连接,将高压釜进气阀(液相取样阀)用硅橡胶通气管与流量计的出口连接,连接处要连紧;用状态良好的硅橡胶通气管的一端连接高压釜出气阀(气相取样阀)、另一端连接一短玻璃管,玻璃管插入装有半杯自来水的小烧杯中。

(4)关闭高压釜的进气阀与出气阀、氮气瓶总开关后的减压阀,打开氮气瓶总开关,然后缓慢打开氮气瓶总开关后的减压阀;同时缓慢打开高压釜进气阀、出气阀,待高压釜出气阀连接的短玻璃管在小烧杯中有气泡冒出、流量计示数达到40L/h左右时,观察小烧杯中短玻璃管,若有气泡冒出,则气密性良好;缓慢关闭氮气瓶总开关后的减压阀,然后关闭高压釜的出气阀、进气阀,最后拧紧氮气瓶总开关,卸掉通气管并卸下螺帽。

2. 高压釜与温控仪、热电偶的连接及恒温温度设定

将高压釜釜体上的电源线与温控仪后面板上的加热接头连接好,将热电偶的电源线与温控仪后面板上的热电偶接头连接好,并把热电偶插入釜盖上的温度测量套管中,将温控仪后面板上的电源线与电源连接好。

高压釜螺帽上紧后,打开温控仪前面板上的电源开关,按温控仪前面板上的"SET"键和"Δ"键设定好高压釜实验需要的恒温温度。开启加热开关,调节加热电压以调节加热速度,升温过程中不得有泄漏及其他异常噪音;温度达到恒温温度前必须降低加热电压以降低加热速度,防止超温;加热完毕后,将加热电压调零,关闭加热开关,以保证电气元件安全工作。

3. 清洗高压釜

(1)实验前,先用海绵蘸自来水清洗高压釜,然后用洗瓶装除盐水对高压釜进行冲洗,包括冲洗釜体、高压釜盖上与水样会有接触的部位,如釜体与釜盖的接触面、热电偶

套管、进气管等。

（2）做不挂片的除盐水空白实验，然后用洗瓶装除盐水对高压釜再次进行冲洗，以尽量减少高压釜对挂片液电导率的影响和高压釜内壁等释放铁。

4. 高压釜挂片

（1）测量挂片液的电导率、pH 值并记录。

（2）进行低于 100℃的低温高压釜实验时，先打开温控仪前面板上的电源开关，设置好恒温温度，开启加热开关、调节好加热电压的同时将挂片液倒入能恰好放入高压釜内的广口瓶中，将干燥好的试片用尼龙线悬挂于广口瓶中部，使挂片液与试片的体面比为 25（cm^3/cm^2），试片浸泡在挂片液液面下至少 1cm、离广口瓶底部至少 1cm；然后把广口瓶放入高压釜内，迅速盖上高压釜盖，并拧紧螺帽。用广口瓶挂片是为进一步避免釜体金属材料对实验的影响。

进行不低于 100℃的高温高压釜实验时，打开温控仪前面板上的电源开关，设置好恒温温度，将挂片液倒入高压釜内，将打磨、清洗、干燥、称量好的试片置于高压釜底部，使挂片液与试片的体面比为 25（cm^3/cm^2）；迅速盖上高压釜盖并对称拧紧螺母的同时开启加热开关、调节好加热电压。

（3）需要通氮气除氧时，应在迅速盖上高压釜盖、对称拧螺帽的同时，打开高压釜的进气阀与出气阀、氮气瓶总开关和氮气瓶总开关后的减压阀并调节减压阀，待高压釜出气阀连接的短玻璃管在小烧杯中有气泡冒出、流量计示数达到 80L/h 左右时开始计通氮气除氧时间。通氮气除氧时间根据高压釜实验所需氧含量确定。

注意：1）高压釜中 80L/h 左右流量通氮气除氧时间与高压釜挂片液中剩余氧含量的关系需事先实验获取或查找到。

通氮气除氧装置如图 4-9 所示，其中氧含量由 HDY-2110 溶解氧监测仪测定。

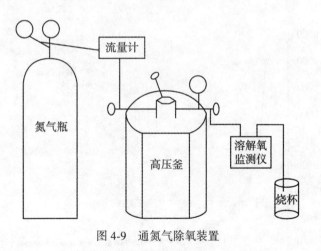

图 4-9　通氮气除氧装置

在 1L 高压釜中以 80L/h 流量通高纯氮气除氧，测量两组除盐水中氧含量随通氮气时间变化的数据，如表 4-1 和图 4-10、图 4-11 所示。

表 4-1 　　　　　通氮气除氧时间与高压釜除盐水中剩余氧含量（2 次的及其平均值）

第一次通氮气除氧时间及余氧含量										
时间（min）	0	1	2	3	4	5	6	7	8	9	10
C（μg/L）	6980	3680	2530	1800	1300	960	700	510	380	280	210
时间（min）	11	12	13	14	15	16	17	18	19	20	21
C（μg/L）	155.8	126	92.2	70.8	58.3	43.5	36.6	28.2	22.7	19.6	16.6
时间（min）	22	23	24	25	26	27	28	29	30	/	/
C（μg/L）	13.4	12.2	10.8	9.6	9.2	8.4	7.8	7.2	6.6		

第二次通氮气除氧时间及余氧含量										
时间（min）	0	1	2	3	4	5	6	7	8	9	10
C（μg/L）	6810	3280	2330	1660	1200	870	650	480	360	270	210
时间（min）	11	12	13	14	15	16	17	18	19	20	21
C（μg/L）	162.5	130.2	102	81	63.8	49.9	43.8	34.4	27.5	24.1	22.5
时间（min）	22	23	24	25	26	27	28	29	30	/	/
C（μg/L）	20.6	18.1	14.7	14.4	12.5	10.6	9.7	7.8	6.9		

通氮气除氧时间及两次余氧含量的平均值										
时间（min）	0	1	2	3	4	5	6	7	8	9	10
C（μg/L）	6895	3480	2430	1730	1250	915	675	495	370	275	210
时间（min）	11	12	13	14	15	16	17	18	19	20	21
C（μg/L）	159.2	128.1	97.1	75.9	61.1	46.7	40.2	31.3	25.1	21.9	19.6
时间（min）	22	23	24	25	26	27	28	29	30	/	/
C（μg/L）	17.0	15.2	12.8	12.0	10.9	9.5	8.8	7.5	6.8		

注：在 1L 高压釜中以 80L/h 左右流量通氮气除氧得到的数据。

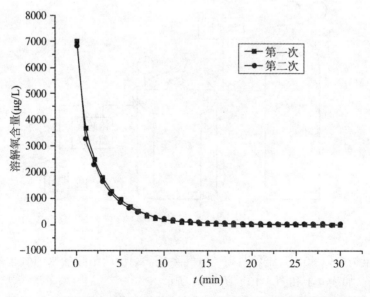

图 4-10 两次通氮气除氧的除盐水中余氧含量随通氮气除氧时间的变化

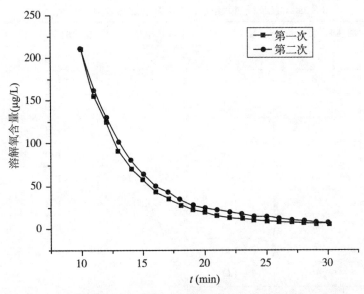

图 4-11　两次通氮气除氧 10min 以后除盐水中余氧含量随时间的变化

由表 4-1 和图 4-10、图 4-11 可知，随着通氮气（流量为 80L/h）时间的不断延长，高压釜除盐水中的氧含量不断减少，当通氮气 30min 时水中氧含量 < 7μg/L，即氧已基本除尽。

2）高压釜加热，先以较高电压加热，然后降低加热电压，保证恒温温度在±1℃、最多±3℃范围内变化。升高到恒温温度的加热电压、加热时间不一定相同，需实验前调试或查找到。

表 4-2 是大连通产高压釜容器制造有限公司（原大连第四仪表厂）的 FYX 1 型高压釜升高到 280℃及恒温过程中的加热电压、加热时间、温度。

（4）温控仪前面板显示温度达到实验所需恒温温度时，开始计高压釜挂片时间，也就是高压釜挂片实验时间。

（5）恒温时间到，停止加热，使温度降至常温。注意，釜体的升温降温不得采用速冷速热方式，降温时可用空冷或风冷。

（6）取片并去除腐蚀产物、清洗、干燥、称量，再打磨、清洗、干燥试片备用，取样测量挂片液电导率、pH 值和金属基体主要成分的含量，必要时对试片表面进行表面分析。

1）用力矩扳手对称均匀地卸开螺帽，缓慢抬起釜盖放在支架上，并迅速取出试片。

肉眼观察试片表面不腐蚀或腐蚀轻微的，将试片从挂片容器中取出，用洗瓶装除盐水冲洗掉试片表面的液体；将冲洗后的试片用滤纸吸干，用无水乙醇清洗试片 2 遍，进一步洗去试片表面的残留物；再用滤纸吸干、吹风机冷风吹干（也可不吹，自然晾干）之后置于干燥器中干燥（12h 或 24h）至恒重。

表 4-2　**大连通产高压釜容器制造有限公司的 FYX 1 型高压釜升高到**
280℃及恒温过程中的加热电压、加热时间、温度

加热电压（V）	加热时间（min）	温度（℃）	加热电压（V）	加热时间（min）	温度（℃）
200	0	6	150	120	209
	20	21		125	215
	30	39	200	130	221
	35	48		135	228
	40	60		140	236
	50	82		145	242
	55	100		150	250
	60	113		155	258
	65	130		160	264
	70	144		165	270
	75	155		170	276
	85	168		175	280
	95	184	加热电压 200V 时有时无（恒温）	180	281
150	105	199		185	280
	110	200		190	279
	115	204		200	280
210	0	34	210	110	244
	10	52		120	263
	20	75		130	276
	30	99		135	281
	40	129		140	283
	50	149	加热电压 220V 时有时无（恒温）	150	280
	60	166		160	278
	70	183		170	283
	80	203		180	279
	90	216		190	277
	100	235		200	283

　　肉眼观察试片表面腐蚀较严重的，将试片从烧杯中取出，用洗瓶装除盐水冲洗掉试片表面的液体，然后将试片放入装有清洗液的烧杯中，用竹镊子夹脱脂棉小球洗去试片表面的腐蚀产物，将去除腐蚀产物后的试片取出，用除盐水冲洗掉试片表面的残留清洗液，用

滤纸吸干试片表面水分，用无水乙醇清洗并用吹风机冷风吹干（也可不吹，自然晾干）后置于干燥器中干燥（12h 或 24h）至恒重。

再用精度为 0.1mg 的电子天平称量试片的质量，记为 m_1。结合试片的原始质量 m_0 及尺寸，计算每个试片的腐蚀速率。某个实验条件下试片的腐蚀速率，通常取三个平行试片的腐蚀速率的平均值。

再次打磨、清洗、干燥试片备用。

2）取试片的同时迅速取样测量挂片液的电导率、pH 值并记录；同时取样测量挂片液中金属基体主要成分的含量（如取样测碳钢挂片液中铁的含量）并记录。

3）必要时，将打磨好的试片、挂片后未去除腐蚀产物的试片和挂片后已去除腐蚀产物的试片，用扫描电镜（SEM）观察其表面腐蚀形貌、用扫描电镜配套的能量散射光谱（EDS）分析表面元素组成及相对含量，或用 X 射线光电子能谱（XPS）分析表面元素组成及其价态，并判断腐蚀类型。

5. 注意事项

（1）高压釜不耐强酸，高压釜中禁用盐酸、硫酸、硝酸等强酸。

（2）高压釜附近禁止有产生火花的作业，禁止穿钉子鞋操作。

（3）针形阀属于线密封，仅需轻轻转动阀针即能达到良好的密封性，禁止用力过大，以免损坏密封面。

第三节　与电化学测试相关的实验基本操作

下面以采用电化学工作站（如 CS 电化学工作站）在三电极体系中进行测试为例说明，电极的开路电位-时间曲线监测、极化曲线测试和电化学阻抗测试等电化学实验。

实验电极为工作电极，辅助电极一般选用铂电极，参比电极一般选用饱和甘汞电极，但测试介质为除盐水时参比电极选用铂电极。注意检查铂电极是否完好，饱和甘汞电极内的溶液是否充足。

如图 4-12 所示，将 CS 电化学工作站的接头与相应的电极导线相连接。注意电极引线的接头之间不要相互接触，防止短路；三个电极在电解池中的位置，要求尽量保证辅助电极与工作电极相对，参比电极与工作电极尽量接近，以减少溶液的电阻降；电化学测试过程中，应尽量避免测试体系扰动。

实验完成后，将三电极引线从 CS 电化学工作站上拆下来，将工作电极和铂电极从电解池中取出来、用除盐水冲洗、滤纸吸干，将甘汞电极取出来、用除盐水冲洗、将上下橡胶套套上，盐桥用除盐水洗干净，以备下次实验使用。

一、电极制作

（一）制样

（1）使用线切割将试样切成所需要的尺寸，一般为 10mm×10mm×2mm，使用砂布或金相砂纸对试样 6 个面进行适度打磨，去掉试样表面的毛边和切割痕迹，保证表面平整，

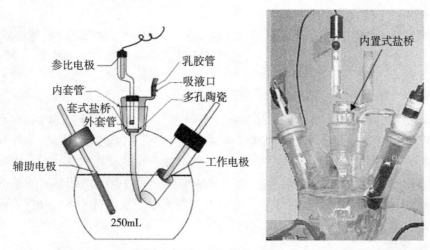

图 4-12　电解池与电极的连接图

尤其是侧面不要有坑洼。

（2）将试样打磨平整后，用丙酮和无水乙醇清洗，去掉试样表面的油污等，保证试样表面清洁无污。

（3）将清洗干净的试样用吹风机冷风吹干、焊接。

（二）焊接

（1）截取一段长为 20~30cm 的铜导线并去掉边缘的外塑胶皮，露出 2cm 左右裸铜导线，用钳子将裸露的铜导线折弯 90°，并用钳子将折弯处砸平，便于接下来焊接。

（2）将焊接用的电烙铁表面用砂布打磨并清洗干净，防止焊接过程中引入杂质及受热不均。

（3）用焊锡将铜导线和试样焊接在一起，制成电极。焊接完成后轻轻敲打电极，以免使用时发生脱落。

（三）封装电极

（1）将环氧树脂和无水乙二胺按比例混合。环氧树脂和无水乙二胺之比为 20∶1。

在通风柜中，用一般台秤称好一定质量的环氧树脂并放入一次性塑料杯或纸杯中。注意：不要将环氧树脂洒到杯子外部。用一次性塑料滴管按比例（20∶1）吸取与一定质量环氧树脂相应的乙二胺，放入一次性杯子中与环氧树脂混合。轻轻搅拌环氧树脂和乙二胺的混合物，然后静置 5~10min，去除混合物中的气泡。

（2）用钢锯截取一段直径 20cm、长 10cm 的 PVC 管，用砂纸将 PVC 管上下表面磨平，以免粘贴到双面胶上时存在缝隙；将打磨好的 PVC 管冲洗干净，用吹风机冷风吹干备用。

（3）取一块平整的玻璃板，将其表面擦拭干净；在玻璃板上粘贴一张干净的白纸，要求白纸的四个角用双面胶粘上，使白纸在玻璃板上固定住。

（4）在白纸上粘贴双面胶，用来固定将要封装的电极。将焊接好的电极粘贴到双面胶上，要求将电极粘牢、不出现倾斜等现象，即电极能立在双面胶上，这样能保护电极工作面。

（5）将 PVC 管置于电极周围，粘贴固定。注意：PVC 管边缘不要接触电极。

（6）将去除气泡后的环氧树脂和乙二胺的混合物用玻璃棒引流，缓慢倒入 PVC 管中，直到环氧树脂浸没整个 PVC 管为止。在倾倒过程中，应注意不要将环氧树脂洒落到 PVC 管外及导线上。

（7）电极封装完成后，将其置于通风处，静置 24h 以上，直到环氧树脂不粘不脆时方可使用。

二、购买电极

也可根据电化学实验所需电极材料及其尺寸、数量要求，购买满足电化学实验要求的电极。

三、打磨、清洗电极

使用砂布打磨电极，去掉工作表面粘接的双面胶等杂质；用 0#、2#、4#、6# 金相砂纸逐级打磨电极，直至 6#（1200 目）砂纸。每更换一种砂纸，注意将打磨方向转动 90°。打磨完注意观察电极表面形貌，以保证工作面处于同一个平面，并且划痕方向一致。

电极打磨完，先用丙酮清洗，再用无水乙醇清洗，使电极表面干净；然后用吹风机冷风吹干备用。

四、电位-时间曲线监测

（1）工作电极表面处理：用金相砂纸（由粗至细）打磨电极表面，用丙酮或无水乙醇蘸湿的脱脂棉小球擦洗干净，用吹风机冷风吹干放入干燥器中备用。

（2）洗净电解池。

（3）打开 CS 工作站前面板电源开关，预热 20min。

（4）将辅助电极、盐桥装入电解池，并在盐桥的参比电极室中滴入几滴饱和 KCl 溶液，插入参比电极。

（5）将处理好的工作电极置于电解池中，使盐桥毛细管尖端对准工作电极的中心，并且使它到电极表面的距离为毛细管尖端外径的 1 倍。

（6）将电极插头的绿色保护套夹与工作电极相连，红色保护套夹与辅助电极相连，黄色保护套夹与参比电极相连。

（7）将 CS 电化学工作站与 PC 机连接，运行 Corrtest 测试软件。选择"测试方法"→"稳态测试"→"开路电位"。在输入框中新建文件名，根据实际情况更改测试时间、电解池参数等。如测试液为除盐水时设置测量时间 1h；测试液电导率较大时，开路电位稳定较快，测量时间可减少为 30min。在"电解池设置"中更改电极参数与电解池参数，如碳钢的密度为 7.8g/cm³、化学当量为 28g。通过查表输入测试温度下参比电极相对氢标电极的电位。

（8）将测试溶液注入电解池后，立即点击"开始"按钮。当电位基本稳定或测量持续到了规定时间时，结束测量。

五、极化曲线测试

（1）开路电位稳定后即可开始极化曲线的测试。选择"测试方法"/"稳态测试"/"动电位扫描"，在输入框中新建文件名。

（2）更改测试参数。如果进行强极化测试，在"初始电位"输入框中输入"-0.25"，"终止电位"输入框中输入"0.25"；若进行线性化测试，在"初始电位"输入框中输入"-0.01"，"终止电位"输入框中输入"0.01"。极化方式是"相对开路电位"。强极化测试的扫描速率选择 0.5mV/s、电位间隔选择 0.5mV；线性极化测试的扫描速率选择 0.5mV/s、电位间隔选择 0.5mV。

（3）单击"确定"按钮开始测试。

（4）测试结束后，取下电极接线夹头，取出工作电极和参比电极，用除盐水清洗电解池和盐桥。打磨工作电极，用丙酮和无水乙醇清洗、滤纸吸干，更换测试溶液进行下一次实验。

（5）实验结束后，取下电极接线夹头，取出电极，用除盐水清洗电极、盐桥和电解池。打磨工作电极，用丙酮和无水乙醇清洗、滤纸吸干后放入干燥器中备用，将甘汞电极的上下橡胶套套上，以备下次实验使用。

六、交流阻抗测试

（1）开路电位稳定后即可开始交流阻抗测试。选择"测试方法"/"交流阻抗"/"阻抗-频率扫描"，在输入框中新建文件名。

（2）频率范围选择 100000~0.01Hz，交流幅值选择 10mV。点击"开始"进行测试。

（3）测量结束后，取下电极接线夹头，取出工作电极和参比电极，用除盐水清洗电极、盐桥和电解池。打磨工作电极，用丙酮和无水乙醇清洗、滤纸吸干，更换测试溶液进行下一次实验。

（4）实验结束后，取下电极接线夹头，取出电极，清洗电解池。打磨工作电极，用丙酮和无水乙醇清洗、滤纸吸干后放入干燥器中备用，将甘汞电极的上下橡胶套套上，盐桥洗干净，以备下次实验使用。

第五章 除盐水中碳钢的腐蚀与防护虚拟仿真实验

第一节 虚拟仿真实验的开设背景

腐蚀与防护综合实验以前都是在线下开展，单纯的线下实验存在的问题有（见图5-1）：用高压釜进行高温高压实验有风险（温度高于100℃、压力超过1MPa，容易发生烫伤等安全事故；在实验室对除盐水除氧需要用高压氮气，也有一定安全隐患）；高压釜一方面单台较贵，需台套数较多，实验设备投入较大，另一方面高压釜釜盖较重，既难以搬动，也容易发生搬不稳而砸伤人等安全事故；实验周期长、教学计划安排的时间不够；实验设备台套数不够，不得不分组进行，分组实验的弊端凸显；除盐水的水质易受空气影响，实验结果的平行性差；金属的腐蚀与防护过程不易观察，学生往往只看到了腐蚀与防护的最终结果，难以通过实验感知金属腐蚀影响因素的影响程度和防腐蚀方法的防腐效果；学生操作不规范等。因而实际实验的教学效果不理想。而虚拟仿真实验正好可以解决这些问题。

也就是说，"除盐水中碳钢的腐蚀与防护虚拟仿真实验"是为了弥补单纯线下实验的不足和克服其缺陷，特别是为了克服线下实验周期长和教学效果不理想的缺点而开设的。线下实验周期长是因为腐蚀与防护综合实验过去一直是先（学生）设计、（教师）批阅、（学生）修改和完善综合实验方案。设计综合实验方案包括设计空白腐蚀实验方案、至少两种防腐蚀方法及其防腐蚀效果的验证实验方案；然后做空白腐蚀实验、两种或两种以上防腐蚀方法的防腐蚀效果验证实验。因为要验证每种防腐蚀方法的防腐蚀效果和探索最佳防腐蚀效果及其防腐蚀条件，因而每种防腐蚀方法的验证实验至少包括空白腐蚀实验在内的5个水平各3个平行实验，每个实验从打磨、清洗、干燥和称量试片，到挂片，再到取片、清洗、干燥和称量试片、测量试片尺寸，至少需要3天，而整个综合实验的教学计划安排时间是一周（5天），明显不够。

"除盐水中碳钢的腐蚀与防护虚拟仿真实验"隶属于"腐蚀与防护综合实验"和"材料防护与资源效益"，一方面模拟发电机组给水系统、凝结水系统和闭式冷却水系统等的材质、运行过程中的水质和运行条件，采用高压釜或水浴锅开展20号碳钢在除盐水中的氧腐蚀虚拟仿真实验，感知和认识氧腐蚀的发生；另一方面在给水系统、凝结水系统和闭式冷却水系统等采用在运行过程中提高pH值的防腐蚀方法，模拟给水系统、凝结水系统和闭式冷却水系统的材质、水质和运行条件，开展20号碳钢在提高pH值的除盐水中的防腐蚀虚拟仿真实验；同时模拟闭式冷却水系统的材质、水质和运行条件，开

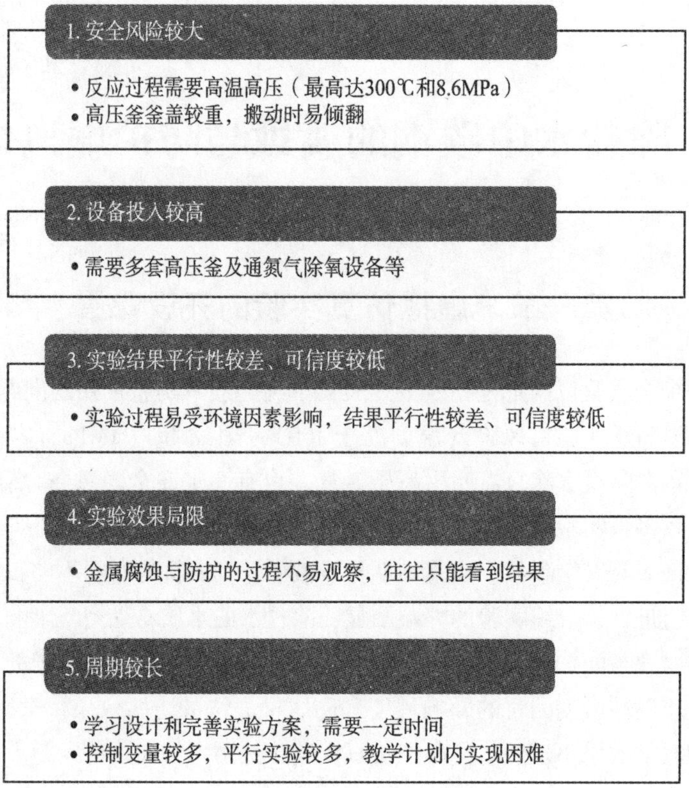

图 5-1　线下实验存在的问题

展 20 号碳钢在加缓蚀剂除盐水中的防腐蚀虚拟仿真实验，探索闭式冷却水系统新的防腐蚀方法，感知和认识防腐蚀方法及其防腐蚀效果。而且通过除盐水中碳钢的腐蚀与防护虚拟仿真实验，可以大大缩短线下实际实验的时间，如通过虚拟仿真实验了解了不同 pH 值对除盐水中 20 号碳钢的防腐蚀效果及取得最佳防腐蚀效果的 pH 值，线下就可只验证最佳 pH 值条件下的防腐蚀效果，至少减少了 3×3（3 个水平各 3 个平行）次实验；而且实验效果会更好，因为实践证明学生感兴趣，会利用很多课余碎片化时间高质量完成虚拟仿真实验。

目前，虚拟仿真实验已在武汉大学的专业课"腐蚀与防护综合实验"和武汉大学通识课"材料防护与资源效益"中进行了教学应用。虚拟仿真实验过程中，学生的学习积极性高、主动性强，再做线下实验时，身心都能够真正融入实验当中；理论知识得到了充分巩固和实际应用，在本科阶段即掌握了发电热力设备腐蚀与防护核心技术，为将来从事电力相关领域的科研或生产工作奠定了坚实基础。

"除盐水中碳钢的腐蚀与防护虚拟仿真实验"的开设，标志着武汉大学已设计、建立起体系较完备和先进、内容较完整的金属腐蚀与防护课程群，如图 5-2 所示。

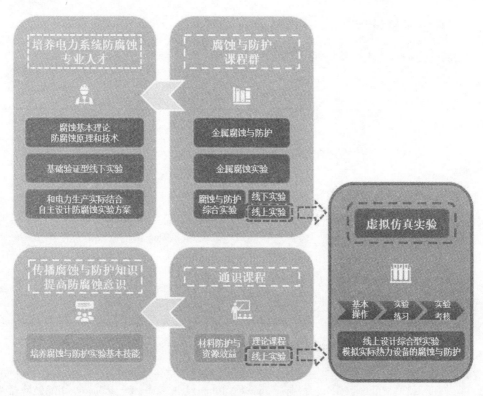

图 5-2　金属腐蚀与防护课程群

第二节　虚拟仿真实验的设计

一、仿真设计

　　老师本着"虚实结合、能实不虚、以虚补实"的原则，根据"腐蚀与防护综合实验"的题目"除盐水中碳钢的腐蚀与防护"，开发"除盐水中碳钢的腐蚀与防护虚拟仿真实验软件"，供学生在线上开展虚拟仿真实验。

　　因为综合实验"除盐水中碳钢的腐蚀与防护"是模拟目前最先进超超临界燃煤机组和应用最广泛的商业压水堆核电站的工程实际条件（材质、水质、温度、压力），特别是给水系统、凝结水系统和闭式冷却水系统的材质、水质和运行参数，所以除盐水中碳钢的腐蚀与防护虚拟仿真实验，一方面高度仿真热力设备的材质、运行过程中的水质和运行条件，开展 20 号碳钢在除盐水中的氧腐蚀虚拟仿真实验；另一方面采用热力设备运行过程中常用的防腐蚀方法，如调节 pH 值、除氧、加缓蚀剂等，高度仿真各系统材质、水质和运行条件，开展 20 号碳钢在水浴锅和高压釜中的防腐蚀虚拟仿真实验；虚拟仿真实验的仿真数据全部来源于工程实际运行参数和线下真实实验数据，充分体现了虚实结合的原则。

二、实验场景设计

共设计了 39 个具体实验场景，其实验要求和内容见表 5-1。

表 5-1　　　　　　　　　　　　　　　虚拟仿真实验的具体场景

实验模式	实验场景及要求		实验内容
基本操作	C1 ~C11		仪器使用和实验基本操作
实验练习	C12 ~C15 C12、C14 必做		300℃，pH 值分别约为 6、8、10、12 除盐水中的防腐蚀实验
	C16 ~C19 C16、C18 必做		300℃，分别含 10mg/L、20mg/L、40mg/L、80mg/L 咪唑啉 BW 除盐水中的防腐蚀实验
	C20 ~C22 C20、C21 必做		300℃，80L/h 氮气流量通氮气除氧时间分别为 5min、15min、30min 的除盐水中的防腐蚀实验
	C23 ~C26 C23 必做		50℃，pH 值分别约为 6、8、10、12 除盐水中的防腐蚀实验
	C27 ~C30 C29 必做		50℃，分别含 50mg/L、100mg/L、200mg/L、400mg/L 钼酸钠除盐水中的防腐蚀实验
	C31 ~C34		50℃，分别含 10mg/L、20mg/L、40mg/L、80mg/L 咪唑啉 SXJLY 除盐水中的防腐蚀实验
实验考核	腐蚀实验（必做）	C35	设计 20 号碳钢在 300℃、pH ≈6 的除盐水中腐蚀的实验方案（空白实验设计）并实验
	防腐蚀实验（4 选 2 必做）	C36 ~ C39	设计 20 号碳钢在 300℃、不同 pH 值除盐水中的防腐蚀实验方案并实验
			设计 20 号碳钢在 300℃、不同氧含量除盐水中的防腐蚀实验方案并实验
			设计 20 号碳钢在 300℃、不同浓度咪唑啉 BW 除盐水中的防腐蚀实验方案并实验
			设计 20 号碳钢在 50℃、不同浓度钼酸钠除盐水中的防腐蚀实验方案并实验

39 个实验场景中，C35 ~C39 为核心实验场景，空白场景必做，4 种防腐蚀方法场景必须选做 2 种。虚拟仿真实验场景的实验条件及其实验结果与结论见表 5-2。

表 5-2　　　　　　　　　　　虚拟仿真实验场景的实验条件及其实验结果与结论

实验场景	实 验 条 件	实 验 结 果	实 验 结 论
C12~C15 C12、C14 必做	300℃，pH 值分别约为 6、8、10、12 的除盐水	pH 值约为 6、8 的腐蚀严重，pH 值约为 10 的表面成膜和腐蚀大大减轻，pH 值约为 12 的表面膜完整和基本上不腐蚀	pH 值必须足够高才能有效成膜防腐蚀
C16~C19 C16、C18 必做	300℃，分别含 10mg/L、20mg/L、40mg/L、80mg/L 咪唑啉 BW 的除盐水	咪唑啉 BW 10mg/L 的表面膜不完整、腐蚀明显减轻，20mg/L 的表面成膜、腐蚀大大减轻，40mg/L 的表面成膜、腐蚀轻微，80mg/L 的表面成膜、基本上不腐蚀	咪唑啉 BW 浓度越高表面成膜越完整、腐蚀减轻直至基本上不腐蚀
C20~C22 C20、C21 必做	300℃，80L/h 氮气流量通氮气除氧时间分别为 5min、15min、30min 的除盐水	除氧 5min 的表面成膜、腐蚀明显减轻，15min 的表面成膜、腐蚀大大减轻，30min 的表面成膜、基本上不腐蚀	氧含量越少表面成膜越完整、腐蚀减轻直至基本上不腐蚀
C23~C26 C23 必做	50℃，pH 值分别约为 6、8、10、12 的除盐水	pH 值约为 6、8 的腐蚀严重，pH 值约为 10 的腐蚀大大减轻，pH 值约为 12 的基本上不腐蚀	pH 值必须足够高才能有效防腐蚀
C27~C30 C29 必做	50℃，分别含 50mg/L、100mg/L、200mg/L、400mg/L 钼酸钠的除盐水	钼酸钠 50mg/L、100mg/L 的腐蚀减轻，200mg/L 的腐蚀大大减轻，400mg/L 的腐蚀轻微	随钼酸钠浓度升高腐蚀减轻，但难以不腐蚀
C31~C34 C31、C34 必做	50℃，分别含 10mg/L、20mg/L、40mg/L、80mg/L 咪唑啉 SXJLY 的除盐水	咪唑啉 SXJLY 10mg/L 的腐蚀明显减轻、20mg/L 的腐蚀大大减轻、40mg/L 的腐蚀轻微、80mg/L 的基本上不腐蚀	随咪唑啉 SXJLY 浓度升高，腐蚀减轻直至基本上不腐蚀
C35 必做	300℃除盐水（空白）	腐蚀严重	主要是电化学氧腐蚀
C36~C39 4 选 2 必做	300℃除盐水+设计的防腐蚀方法及其工艺条件	腐蚀与防护情况与防腐蚀方法及其工艺有关，有的腐蚀，有的基本上不腐蚀	防腐蚀方法和工艺合适，才能有效防腐蚀

三、实验模式与考核方式设计

创新设计开发了虚拟仿真实验的模式和成绩评定方式。

虚拟仿真实验包括基本操作、实验练习和实验考核三个模式（如图 5-3 所示），共 39 个实验场景（C1~C39）。其中，基本操作模式类似实验前的预习，学生通过基本操作的学习、

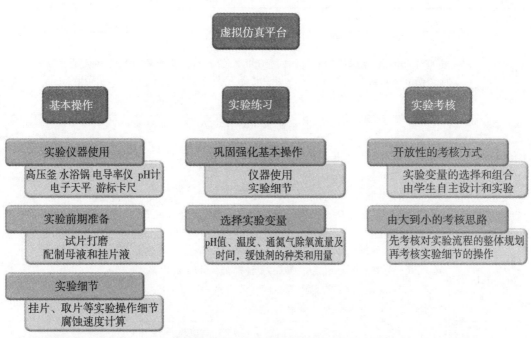

（a）虚拟仿真实验的三种模式及其架构与内容

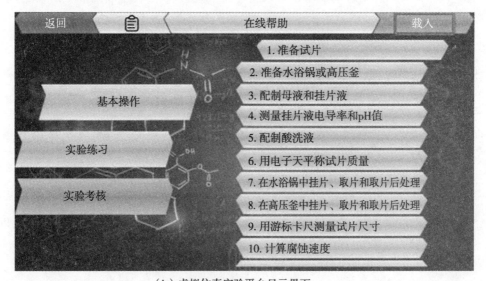

（b）虚拟仿真实验平台显示界面

图 5-3　虚拟仿真实验的模式

练习，可熟悉仪器操作方法，掌握严谨规范的实验操作，可重点考查学生的基本实验技能；实验练习模式相当于实验过程，学生通过实验练习，可巩固和加深对腐蚀与防护实验方法、步骤、流程的认识，并在了解不同防腐蚀方案的基础上，展开思考，为后续实验方案的设计、优化与实施打下基础，可重点考查学生的综合应用能力；实验考核模式是开放式的实验考核，学生可以按必做和选做实验要求，自主选取实验变量，设计和优化实验方案，开展虚拟仿真实验，分析实验结果，可重点考查学生的实验设计和分析、解决问题的能力。

成绩评定在基本操作、实验练习、在线答题、实验考核和实验报告里交错进行且各不相同（细则见表5-3），其中基本操作占16.5%，实验练习占32%，实验考核占37.5%，实验报告占8%，在线答题占6%，合计100分。不但通过实验考核、实验报告评分，还在基本操作、实验练习中考核评分和通过在线答题评分，全面覆盖实验前预习、实验过程和实验考试3个教学环节并全部纳入评分系统，全面考查学生的基本实验技能、综合应用能力和实验设计能力，因而具有先进性。

表 5-3　　　　　　　　　　　　　　　　成绩评定细则

评定板块	考核内容	评分细则
基本操作	18步实验基本操作（共16.5分）	C1~C11共11个场景，每学习完一个场景得1.5分
实验练习	23个虚拟仿真实验（共32分）	C12~C34共23个场景；其中C12、C14、C16、C18、C20、C21、C23、C29，每个学习完得4分；其余场景鼓励学习。
实验考核	设计空白腐蚀实验方案和进行虚拟仿真空白腐蚀实验（共12.5分）	C35场景：选择1个温度得1分，选择pH值为6的挂片液得1分；实验步骤排序共2.5分：排错1个扣0.5分，扣分后给出正确排序，随后进行虚拟仿真实验；做完虚拟仿真空白腐蚀实验得8分。
	设计防腐蚀方案、防腐蚀效果验证实验方案和进行虚拟仿真防腐蚀实验（共25分，C36与C37为必做，C38与C39为选做）	(1) 从C36~C39场景（4个）中选2个必做； (2) 设计2个防腐蚀方案、防腐蚀效果验证实验方案和进行2个虚拟仿真防腐蚀实验的得分情况是：选择1个温度得1分，选择1种防腐蚀方法得1分，选择400mg/L钼酸钠、80mg/L咪唑啉、pH值为12或通氮气除氧30min的挂片液得1分；实验步骤排序共2.5分：排错1个位置扣0.5分，扣分后给出正确排序，随后进行虚拟仿真实验；做完1个虚拟仿真防腐蚀实验得7分。 (3) 设计2个以上防腐蚀方案、防腐蚀效果验证实验方案和进行2个以上虚拟仿真防腐蚀实验的得分，多出部分由老师根据实验报告评定。
实验报告	实验报告（共8分）	按格式完成电子报告、提交教师批阅，其中有3个设计、实验的得5分；有4个设计、实验的得6.5分；有5个设计、实验的得8分。
在线答题	在线试题库答题（共6分）	由题库随机调题组卷，包括单选题、多选题等共12题，答对1题得0.5分，共6分。
合计		100分

以场景"实验考核→防腐蚀实验→300℃→不同浓度咪唑啉→80mg/L咪唑啉"为例，成绩评定总分为12.5分。此12.5分对应的14步交互性操作步骤见表5-4。

表 5-4 核心实验场景的交互性操作步骤与考核

步骤序号	步骤目标要求	步骤合理用时	目标达成度赋分模型	步骤满分	成绩类型
1	方案设计：选择温度（正确答案：300℃）	1min	选择正确得1分 选择错误不得分	1	
2	方案设计：选择防腐蚀方法（正确答案：不同浓度咪唑啉）	1min	选择正确得1分 选择错误不得分	1	
3	方案设计：选择挂片液（正确答案：80mg/L咪唑啉）	1min	选择正确得1分 选择错误不得分	1	
4	方案设计：实验步骤排序	1min	错1个扣0.5分 排序正确得2.5分	2.5	
5	准备试片： 5a 砂纸打磨； 5b 乙醇清洗； 5c 干燥恒重。	2min	5a 打磨试片至光亮平整得0.2分 5b 清洗试片至洁净得0.2分 5c 试片干燥至恒重得0.2分	0.6	
6	准备高压釜、进行加热恒温调节： 6a 冲洗高压釜； 6b 恒温温度设置并加热。	1min	6a 清洗高压釜至满足洁净要求得0.4分； 6b 高压釜温度设至满足要求并加热得0.4分	0.8	■操作成绩 ■实验报告 ■预习成绩 ■教师评价报告
7	配制母液和挂片液： 7a 配制咪唑啉母液； 7b 配制挂片液。	1min	7a 正确配制咪唑啉母液得0.4分 7b 正确配制挂片液得0.4分	0.8	
8	测挂片液电导率和pH值，并记录	1min	操作正确并记录数值得0.4分 操作错误或忘记记录不得分	0.4	
9	配制酸洗液： 9a 浓盐酸的稀释； 9b 配制含苯扎溴铵的5%稀盐酸。	1min	9a 正确稀释浓盐酸至所需浓度得0.3分 9b 正确配制含苯扎溴铵的稀盐酸得0.3分	0.6	
10	用电子分析天平称试片质量，并记录	1min	操作正确并记录数据得0.8分 操作或记录数据错误不得分	0.8	
11	在高压釜中挂片、取片和取片后处理： 11a 高压釜挂片操作； 11b 高压釜取片操作； 11c 取片后的清洗、干燥和称量质量。	2min	11a 正确完成挂片和关闭高压釜操作得0.3分 11b 正确完成开启高压釜和取片操作得0.3分 11c 正确完成取片后的清洗、干燥和称量质量操作得0.3分	0.9	
12	用游标卡尺测量试片尺寸，并记录	2min	正确完成操作并记录得1.0分 操作错误或记录错误不得分	1.0	
13	计算腐蚀速度	1min	计算结果正确得0.5分 计算结果错误不得分	0.5	
14	再处理试片备用： 14a 砂纸打磨； 14b 乙醇清洗； 14c 干燥恒重。	1min	14a 打磨至光亮平整得0.2分 14b 清洗试片至洁净得0.2分 14c 干燥至恒重得0.2分	0.6	
共14步		17min	共12.5分		

第三节 虚拟仿真实验方法及其基本步骤

一、虚拟仿真实验方法

（1）学生通过教师给题、析题和自己审题，了解实验题目的工程背景、科学内涵、实验目的、内容与要求。

（2）通过"基本操作"模式的实验场景 C1 ~C11，学习和除盐水中碳钢的腐蚀与防护相关的、规范的实验基本操作，掌握仪器的正确使用方法和规范操作。

（3）通过"在线帮助"学习防腐蚀方法和防腐蚀效果验证实验方案，初步设计能解决实际腐蚀问题的防腐蚀方法和有较好防腐蚀效果的防腐蚀方案。

（4）通过"实验练习"模式的实验场景 C12 ~C34，进行虚拟仿真实验练习，学习如何做腐蚀与防护虚拟仿真实验和探究防腐蚀方法及其工艺条件，巩固提高所学腐蚀与防护基本理论知识（电化学氧腐蚀原理，氧含量、电导率、pH 值、温度、流速等影响因素）和实验技能，掌握除盐水中碳钢氧腐蚀的防止方法，设计除盐水中碳钢的空白腐蚀实验方案、优化除盐水中碳钢的防腐蚀方案和防腐蚀效果验证实验方案。

（5）根据优化设计的防腐蚀方案、空白腐蚀实验方案和防腐蚀效果验证实验方案，通过"实验考核"模式的实验场景 C35 ~C39，开展除盐水中碳钢的腐蚀与防护虚拟仿真实验，找到解决除盐水中碳钢腐蚀的较优或最佳防腐蚀方案，为线下实验或实际腐蚀问题的解决提供指导。。

（6）学生通过在线试题库答题。

（7）学生按格式完成实验报告。

（8）教师登录虚拟仿真平台，查看学生学习情况，综合评定给分，评分细则见表5-3和表5-4。

这样，一方面学生自己设计了碳钢在除盐水中腐蚀的实验方案和防止碳钢在除盐水中腐蚀的方法及其防腐蚀效果验证实验方案，另一方面学生按自己设计的实验方案开展了虚拟仿真实验，在线上独立完成自主学习、练习、设计、虚拟仿真实验的同时，克服了线下实验的弊端，充分发挥了线上虚拟仿真实验的优点，使每个学生都得到锻炼和培养。

二、虚拟仿真实验基本步骤

（一）准备试片

1. 用金相砂纸打磨试片

把玻璃板放到实验台中央；把1#金相砂纸放到玻璃板中央，用手捏住试片在1#金相砂纸上纵向打磨，试片表面显现竖条纹，去掉1#金相砂纸、换为3#金相砂纸，用手捏住试片在3#金相砂纸上横向打磨，试片表面显现横条纹，去掉3#金相砂纸、换为5#金相砂纸，用手捏住试片在5#金相砂纸上纵向打磨至表面光亮，试片表面显现竖条纹。

即用一系列不同型号砂纸（如1#、3#、5#金相砂纸，试片表面较粗糙时用纱布或水磨砂纸）打磨 20 号碳钢试片（包括 6 个面和小孔周围）至光亮。

2. 用无水乙醇清洗试片表面

将脱脂棉缠到镊子尖端；将 99.9%的无水乙醇倒入两个 100mL 的广口试剂瓶中，各倒入 50mL 左右（瓶中央位置），将脱脂棉搓成小棉球放入 100mL 的广口试剂瓶中；一只手拿一把镊子夹住一块试片的一端置于第一个广口试剂瓶瓶口，另一只手拿另一把镊子夹住第一个广口试剂瓶里被无水乙醇蘸湿的小棉球擦洗试片各表面，然后用镊子夹住试片的另一端，用小棉球擦洗试片各表面；一只手拿一把镊子夹住前述试片的一端置于第二个广口试剂瓶瓶口，另一只手拿另一把镊子夹住第二个广口试剂瓶里被无水乙醇蘸湿的小棉球擦洗试片各表面，然后用镊子夹住试片的另一端，用小棉球擦洗试片各表面，洗干净试片。

即用脱脂棉蘸无水乙醇清洗 20 号碳钢试片两遍，把 20 号碳钢试片各表面（包括 6 个面和小孔）清洗干净。

3. 在玻璃干燥器中干燥试片

将用无水乙醇清洗干净的 20 号碳钢试片用滤纸包好，用笔在包试片的滤纸外表面做好记号，然后将滤纸包好的试片放入干燥器中干燥至恒重，为方便安排实验时间，通常干燥 12h 或 24h。

（二）准备高压釜或水浴锅和进行恒温调节

实验前先用海绵蘸自来水清洗高压釜，然后用洗瓶装除盐水对高压釜进行冲洗，包括冲洗釜体、高压釜盖上与水样会有接触的部位，如釜体与釜盖的接触面、热电偶套管、进气管等；做不挂片的除盐水空白实验，然后用洗瓶装除盐水对高压釜再次冲洗，尽量减少高压釜对挂片液电导率的影响和高压釜内壁等释放铁。

用自来水把水浴锅水池洗干净，然后在水浴锅水池里放入 2/3 体积的水（最好是除盐水，没有除盐水就用自来水），插入一支水银温度计；插上电源，打开水浴锅加热开关加热水浴锅里的水；根据实验要求，设定实验温度为恒温温度；待水浴锅里的水加热到恒温后，比较水浴锅显示的温度是否与水银温度计的读数相差在±1℃范围之内，如果相差超过±1℃，则根据相差值重新设定水浴锅恒温温度，直至水银温度计显示的温度与实验要求温度的误差在±1℃范围之内。

（三）配制母液和挂片液

每个成分的母液浓度确定原则：（1）加入挂片液中引起的体积误差≤1‰；（2）加入体积不少于 0.5mL 或 1mL。

需要配制的母液包括：浓度为 100mg/mL 的钼酸钠母液，浓度为 20mg/L 的某咪唑啉母液。

用母液配制挂片液。需要配制的组成相同的挂片液体积，根据挂片次数、每次挂片的平行样数、每个试片对应的挂片液与它的体面比 20 或 25（cm^3/cm^2）确定，如每次挂 3 个平行样，则某组成相同的挂片液体积（L）＝挂片次数×3 个平行样×挂片液与试片的体面比 25（cm^3/cm^2）×试片的表面积（cm^2）/1000，组成相同的挂片液要一次性配好。

需要配制的挂片液包括：除盐水，pH 值分别为 7~8、9~10、11~12 的氨水溶液，浓度分别为 50mg/L、100mg/L、200mg/L、400mg/L 的钼酸钠溶液，浓度分别为 10mg/L、20mg/L、40mg/L、80mg/L 的某咪唑啉溶液。

（1）除盐水：自制。

（2）配制钼酸钠母液：根据母液配制原则，用电子天平、100mL 烧杯称取 100g 钼酸钠，用除盐水溶解并转移入 1L 容量瓶中、定容、摇匀，即配成 100mg/mL 钼酸钠母液。

配制浓度分别为 50mg/L、100mg/L、200mg/L、400mg/L 的钼酸钠挂片液：在 4 个 2L 烧杯中用 1L 量筒分别加入 1999mL、1998mL、1996mL、1992mL 除盐水，然后用 10mL 移液管分别加入 1mL、2mL、4mL、8mL 浓度为 100mg/mL 的钼酸钠母液，用玻璃棒搅拌均匀，即配得浓度分别为 50mg/L、100mg/L、200mg/L、400mg/L 的钼酸钠挂片液。

（3）配制某咪唑啉母液：根据母液配制原则，用电子天平称取 20g 某咪唑啉，用除盐水溶解并转移入 1L 容量瓶中、定容、摇匀，即配成 20mg/mL 某咪唑啉母液。

配制浓度分别为 10mg/L、20mg/L、40mg/L、80mg/L 的某咪唑啉挂片液：在 4 个 2L 烧杯中用 1L 量筒分别加入 1999mL、1998mL、1996mL、1992mL 除盐水，然后用 10mL 移液管分别加入 1mL、2mL、4mL、8mL 浓度为 20mg/mL 的某咪唑啉母液，用玻璃棒搅拌均匀，即配得浓度分别为 10mg/L、20mg/L、40mg/L、80mg/L 的某咪唑啉挂片液。

（4）配制 pH 值为 11~12 的氨水挂片液：用量筒量取 1880mL 除盐水并倒入 1 个 2L 大烧杯中，根据母液配制原则，用量筒量取 120mL 分析纯浓氨水（浓度约 17%）转移入装有除盐水的 2L 大烧杯中，用玻璃棒将溶液搅匀，即配成 pH 值为 11~12 的氨水挂片液。

配制 pH 值为 9~10 的氨水挂片液：用量筒量取 1937mL 除盐水倒入 1 个 2L 烧杯中，然后用量筒加入 63mL pH 值为 11~12 的氨水溶液，用玻璃棒搅拌均匀，即配得 pH 值为 9~10 的氨水挂片液。

配制 pH 值为 7~8 的氨水挂片液：用量筒量取 1980mL 除盐水倒入 1 个 2L 烧杯中，然后用量筒加入 20mL pH 值为 9~10 的氨水溶液，用玻璃棒搅拌均匀，即配得 pH 值为 7~8 的氨水挂片液。

（四）测挂片液电导率和 pH 值

（1）取样，用电导率仪测挂片液电导率，并记录。

接通电导率仪电源，预热 10min 以上（通常 30min）；估算所测挂片液的电导率，选择电极常数为 1 的光亮铂电极测除盐水的电导率；调节水浴锅恒温温度为 25℃。

仔细阅读所用电导率仪的说明书，调节好电导率仪各参数。测量前尽量把待测挂片液的温度用水浴锅调节到 25±1℃。

在 50mL 小烧杯中倒入 40mL 挂片液，电极铂片全部浸入液体中，读取面板稳定显示的电导率值并记录下来。注意 50mL 小烧杯要用除盐水洗干净并用挂片液润洗。

（2）取样，用 pH 计测挂片液 pH 值，并记录。

插上 pH 计电源通电、预热半小时；仔细阅读所用 pH 计和电极的说明书，根据说明书和所测挂片液的 pH 值范围，对 pH 计进行 pH 值（25℃）为 4.00 和 6.86 或 6.86 和

9.18 两点定位。

先将 2 包缓冲剂分别转移入 2 个 100mL 小烧杯中，用除盐水溶解后，分别转移入 250mL 容量瓶中并用除盐水定容，即配得 pH 值（25℃）分别为 4.00 和 6.86 或 6.86 和 9.18 的定位液；然后在 50mL 小烧杯中倒入 40mL 定位液对 pH 计进行两点定位。注意，50mL 小烧杯要用除盐水洗干净并用相应定位液润洗；电极球泡部位要全部浸入定位液中。

在 50mL 小烧杯中倒入 40mL 挂片液，电极球泡部位全部浸入挂片液中，读取稳定 pH 值读数并记录。测量前尽量把待测挂片液的温度用水浴锅调节到 25 ±1℃。注意，50mL 小烧杯要用除盐水洗干净并用挂片液润洗。

（五）配制酸洗液

在开启的通风柜中，用 1 个 500 mL 烧杯装入 300mL 除盐水；轻轻拧开装分析纯浓盐酸的玻璃瓶的外盖，再小心取下玻璃瓶的内盖，在 100mL 烧杯中倒入约 57mL 浓盐酸，然后给装浓盐酸的瓶子依次盖上内盖、外盖，将烧杯里的浓盐酸倒入量筒中，读取量筒凹液面对齐刻度线的读数，将量筒里的浓盐酸倒入装有除盐水的 500mL 烧杯中，同时用玻璃棒轻轻搅拌。接下来用量筒量取 50mL 浓度为 5% 的苯扎溴铵溶液，将量取的苯扎溴铵溶液倒入稀释后的盐酸中。将混合溶液转移入 500mL 容量瓶中，注意要用玻璃棒引流转移。倒完后用除盐水润洗烧杯及玻璃棒 3 遍，依然用玻璃棒引流转移入容量瓶中。用装除盐水的洗瓶定容至 500 mL。注意：在离刻度线还有约 1mm 时停止用洗瓶加入除盐水，改用胶头滴管慢慢滴至刻度线，然后将容量瓶活塞盖紧并上下颠倒混匀溶液。

最后贴上标签，写明所配溶液名称酸洗液、盐酸浓度 5%、缓蚀剂苯扎溴铵浓度 5‰ 和配制日期。

（六）用电子分析天平称已干燥好的试片质量，并记录

插上精度为 0.1mg 的电子天平的电源通电、预热半小时，仔细阅读所用天平的说明书，根据说明书对天平调水平、用标准砝码校准后，将干燥至恒重的试片从干燥器中取出来放到电子天平上称其质量并记录。

（七）在高压釜或水浴锅中挂片、取片和取片后处理

1. 在高压釜中挂片、取片和取片后处理

进行低于 100℃ 的低温高压釜实验时，先打开温控仪前面板上的加热开关，同时将挂片液倒入能恰好放入高压釜内的广口瓶中，将干燥好的试片用尼龙线悬挂于广口瓶中部，使挂片液与试片的体面比为 $25cm^3/cm^2$，试片浸泡在挂片液液面下至少 1cm、离广口瓶底部至少 1cm；然后把广口瓶放入高压釜内，迅速盖上高压釜盖，并拧紧。用广口瓶挂片是为进一步避免釜体金属材质对实验的影响。

进行不低于 100℃ 的高温高压釜实验时，先打开温控仪前面板上的加热开关，同时将挂片液倒入高压釜内，将打磨、清洗、干燥、称量好的试片置于高压釜底部，使挂片液与试片的体面比为 $25cm^3/cm^2$；迅速盖上高压釜盖，并对称拧紧螺帽。

需要通氮气除氧时，应在迅速盖上高压釜盖、对称拧螺帽的同时，打开高压釜的进气阀与出气阀、氮气瓶总开关和氮气瓶总开关后的减压阀并调节减压阀，待高压釜出气阀连接的短玻璃管在小烧杯中有气泡冒出、流量计示数达到 80L/h 左右时开始计通氮气除氧时间。通氮气除氧时间根据高压釜实验所需氧含量确定。注意：高压釜中 80L/h 左右流量通氮气除氧时间与高压釜挂片液中剩余氧含量的关系需事先实验得到或查找到。

高压釜加热，先以较高电压加热，然后降低加热电压，保证恒温温度在±1℃（最多±3℃）范围内变化，不同恒温温度需要的较高电压加热时间、恒温加热电压不一定相同，需实验前调试或查找到。

温控仪显示温度达实验所需恒温温度时，开始计高压釜挂片时间，也就是高压釜挂片实验时间。

恒温时间到，停止加热，使温度降至常温；用力矩扳手对称均匀地卸开螺帽，缓慢抬起釜盖放在支架上，并迅速取出试片。注意，釜体的升温降温不得采用速热速冷方式，降温时可用空冷或风冷。

肉眼观察试片表面不腐蚀或腐蚀轻微的，将试片从挂片容器中取出，用洗瓶装除盐水冲洗掉试片表面的液体；将冲洗后的试片用滤纸吸干，用无水乙醇清洗试片两遍，进一步洗去试片表面的残留物；再用滤纸吸干后置于干燥器中干燥 12h 或 24h 至恒重。

肉眼观察试片表面腐蚀较严重的，将试片从烧杯中取出，用洗瓶装除盐水冲洗掉试片表面的液体；将试片放入装有酸洗液的烧杯中，用竹镊子夹酸洗液蘸湿的脱脂棉小球擦洗试片表面，洗去试片表面的腐蚀产物；将去除了腐蚀产物的试片取出，用除盐水冲洗掉试片表面的残留酸洗液；将冲洗后的试片用滤纸吸干，用无水乙醇清洗试片两遍，进一步洗去试片表面的残留物；再用滤纸吸干后置于干燥器中干燥 12h 或 24h 至恒重。

用电子天平再次称量每个试片的质量（去除腐蚀产物后的）。

取试片的同时迅速取样测量挂片液的电导率、pH 值并记录，同时取样测量挂片液中金属基体主要成分如挂片液中铁的含量并记录。

2. 在水浴锅中挂片、取片和取片后处理

用剪刀剪一根长约 20cm 的细尼龙线，手戴一次性塑料手套用无水乙醇浸湿的脱脂棉小球把尼龙线洗干净；将尼龙线穿过试片小孔并打一宽松结，然后将尼龙线悬挂在玻璃棒上、玻璃棒搁在 2L 烧杯上，每根玻璃棒上挂 3 个平行试片，即 1 个 2L 烧杯中挂 3 个试片，尽量使试片挂在烧杯居中位置，试片浸泡在挂片液液面下至少 1cm、离烧杯底部至少 1cm；用保鲜膜遮盖烧杯口，以防挂片过程中挂片液挥发损失和被污染；将挂了片的烧杯置于已恒温的水浴锅中。从试片进入烧杯中开始计时并记录下来；呈现挂片过程中不同时间点（0、1h、3h、8h 或 24h、3d）试片表面的变化情况。

挂片时间根据实验需要确定，确定原则：（1）试片表面开始有明显腐蚀发生或与对照试片表面相比开始有明显差异；（2）试片开始有电子天平可称量的质量变化，或挂片液中可检测出试片基体成分。

挂片时间到，试片表面腐蚀较严重的：将试片从挂片容器（烧杯）中取出，用洗瓶装除盐水冲洗掉试片表面的液体；将试片放入装有酸洗液的烧杯中，用竹镊子夹酸洗液蘸湿的脱脂棉小球擦洗试片表面，洗去试片表面的腐蚀产物；将去除了腐蚀产物的试片取出，用除盐水冲洗掉试片表面的残留酸洗液；将冲洗后的试片用滤纸吸干，用无水乙醇清洗试片两遍，进一步洗去试片表面的残留物；再用滤纸吸干后置于干燥器中干燥 12h 或 24h 至恒重。

试片表面不腐蚀或腐蚀轻微的：将试片从挂片容器（烧杯）中取出，用洗瓶装除盐水冲洗掉试片表面的液体；将冲洗后的试片用滤纸吸干，用无水乙醇清洗试片两遍，洗去试片表面的残留物；再用滤纸吸干后置于干燥器中干燥 12h 或 24h 至恒重。

用电子天平再次称量每个试片的质量（去除腐蚀产物后的）。

取试片的同时迅速取样测量挂片液的电导率、pH 值并记录，同时取样测量挂片液中金属基体主要成分如挂片液中铁的含量并记录。

（八）用游标卡尺测量试片尺寸

用游标卡尺测量打磨好的 20 号碳钢试片尺寸（包括长、宽、高和小孔尺寸），并记录，然后根据公式：

$$表面积\ S = 2×长×宽 + 2×长×高 + 2×宽×高 - 2\pi×小孔直径^2/4 + \pi×小孔直径×高$$

计算试片的表面积。

（九）计算腐蚀速度

根据腐蚀速度计算公式：

$$v = (m_{i,0} - m_{i,1}) / (S_i × t_i)$$

计算每块试片的腐蚀速度。式中：

v—表示腐蚀速度（$g/(m^2 \cdot h)$）；

i—表示第 i 块试片；

$m_{i,0}$—第 i 块试片挂片前的质量（g）；

$m_{i,1}$—第 i 块试片挂片后的质量（g）；

S_i—第 i 块试片的表面积（m^2）；

t_i—第 i 块试片的挂片时间（h）。

某个实验条件下试片的腐蚀速度，取三个平行试片腐蚀速度的平均值。

（十）再处理试片备用

（1）再用金相砂纸打磨试片。

再用一系列砂纸打磨 20 号碳钢试片（包括 6 个面和小孔周围）至光亮。

（2）再用无水乙醇清洗试片表面。

再用脱脂棉蘸无水乙醇清洗 20 号碳钢试片两遍，把 20 号碳钢试片表面（包括 6 个面和小孔）清洗干净。

（3）再在玻璃干燥器中干燥试片备用。

把清洗干净的 20 号碳钢试片放入干燥器中干燥至恒重、备用。

第四节 虚拟仿真实验涉及的知识点和仪器设备、 材料及其初始状态

一、虚拟仿真实验涉及的主要知识点

（1）除盐水中有氧，碳钢会在其中发生电化学氧腐蚀的原理。

（2）防止除盐水中碳钢腐蚀的方法及原理，包括除氧、提高除盐水的 pH 值和选用合适缓蚀剂或探究新的缓蚀剂防腐的原理。

（3）发电机组给水除氧方法及原理，实验室除盐水除氧的方法及原理。

（4）提高 pH 值防止腐蚀的原理，提高 pH 值合适才能有效防止腐蚀的原理。

（5）缓蚀剂具有选择性和协同效应，选择或探究能有效防腐的合适缓蚀剂的原理。

（6）试片的打磨、清洗、干燥方法。

（7）水浴锅和高压釜的温度调节与控制方法、通氮气除氧方法。

（8）母液浓度确定原则和母液、挂片液配制方法。

（9）电导率和 pH 值测定原理和方法。

（10）酸洗液中盐酸浓度、缓蚀剂及其浓度确定原则和方法。

（11）精密电子天平的称量方法。

（12）水浴锅中挂片、取片方法和取片后试片处理方法。

（13）高压釜中挂片、取片方法和取片后试片处理方法。

（14）用游标卡尺测量试片尺寸的原理和方法。

（15）计算腐蚀速度的方法。

二、虚拟仿真实验涉及的仪器设备、材料及其初始状态

虚拟仿真实验涉及的仪器设备、材料及其初始状态见表 5-5。

表 5-5   **虚拟仿真实验涉及的仪器设备、材料及其初始状态**

序号	设 备	状 态
1	废液烧杯	初始为空
2	除盐水	初始 pH（25℃）≈6，电导率（25℃）<2.0 μS/cm
3	20 号碳钢试片	放置在试片包装盒内
4	砂纸	已放置在实验台上
5	无水乙醇	99.9%分析纯无水乙醇
6	脱脂棉	已放置在实验台上
7	滤纸	已放置在实验台上

序号	设　备	状　态
8	镊子	已放置在实验台上
9	广口试剂瓶	初始已用除盐水洗干净、干燥
10	烧杯	初始已用除盐水洗干净
11	量筒	初始已用除盐水洗干净
12	容量瓶	初始已用除盐水洗干净
13	玻璃管	初始已用除盐水洗干净
14	玻璃棒	初始已用除盐水洗干净，置于烧杯中
15	移液管	初始已用除盐水洗干净
16	氨水	分析纯
17	盐酸	分析纯
18	苯扎溴铵	医用5%苯扎溴铵溶液
19	水浴锅	数显，外接电源，未开启，已放置在实验台上
20	pH 计及电极	数显，外接电源，未开启，已放置在实验台上
21	电导率仪及电极	数显，外接电源，未开启，已放置在实验台上
22	电子分析天平	数显，外接电源，未开启，已放置在实验台上
23	游标卡尺	已放置在实验台上

第五节　虚拟仿真实验的网络条件及软件硬件要求

一、网络条件要求

（一）客户端到服务器的带宽要求

App 通过各大应用商店下载加速，不占用学校网络带宽，适合应用的分发；App 运行过程有非常少量的数据链接访问，通过公共云服务动态调整配置，理论上可以满足无限的用户需求；移动网络即可满足 App 应用，做到时时、处处、人人，随时随地触电虚拟仿真平台。

（二）能够支持的同时在线人数

阿里云测试通过 1000 人同时在线要求，响应速度小于 400ms，无需在线排队。

二、用户操作系统要求

（一）计算机操作系统和版本要求

仿真程序客户端操作系统采用 Windows XP 及以上版本；管理平台服务器操作系统采用 Windows XP 及以上版本。

（二）其他计算终端操作系统和版本要求

iOS 11、android 4.0 以上版本开发，是以移动端为主体兼容 PC 机可执行的方式，最适合当今移动互联的发展，真正面向用户的使用需求。支持移动端。

三、用户非操作系统软件配置要求

（一）计算机非操作系统软件配置要求

■谷歌浏览器　■360 浏览器　■火狐浏览器，不需要特定插件。

（二）其他计算终端非操作系统软件配置要求

移动端的安卓系统和苹果系统都已经过大量测试，兼容性在不断改进，目前没有需要用户特别设置的地方，这是真正面向用户和开放共享的最佳解决方案。移动端因其具有便于携带、易拥有、无插件、网络要求低等特点，虚拟仿真实验得到大量应用。

四、用户硬件配置要求

（一）计算机硬件配置要求

内存 4G 以上、主频为 2.80GHz。

（二）其他计算机终端硬件配置要求

手机硬件配置要求：1.6GHz、2G 内存、价格千元左右手机可流畅运行。

五、用户特殊外置硬件要求

（一）计算机特殊外置硬件要求

支持 oculus quest2 和 FINGO 手势识别系统，作为外延扩展，可以有更多的体验方式。

（二）其他计算机终端特殊外置硬件要求

无。

第六节　虚拟仿真实验的技术架构及主要研发技术

虚拟仿真实验的技术架构及主要研发技术见表 5-6。

表 5-6　　　　　　　　　　　　虚拟仿真实验的技术架构及主要研发技术

指　　标		内　　容
系统架构图及简要说明		
实验教学	开发技术	■VR　■3D 仿真
	开发工具	■Unity3D　■3D Studio Max　■Adobe Flash　■Visual Studio
	运行环境	服务器：CPU 2 核、内存 32 GB、磁盘 50 GB、显存 2 GB 操作系统版本：■Windows XP 及以上，iOS11、android4.0 以上 数据库：■MySQL 不支持云渲染
	实验品质（如：单场景模型总面数、贴图分辨率、每帧渲染次数、动作反馈时间、显示刷新率、分辨率等）	(1) 采用三维模型构建场景及物体，物体多边形面数（poly）控制 ≤1 万面，文件<60MB，支持各种分辨率及型号的手机（安卓、苹果手机），支持 pad 等移动端设备。 采用材质贴图（烘焙、法线）及高级着色技术（Shader、HLSL）。 (2) 全方位高度沉浸感的自然环境、实验室环境，简洁优化设计；模型采用简模，以达到最优设计，运行流畅。 实验室场景设计与布局参考真实实验室环境并 1∶1 还原。

附录一　除盐水中碳钢的腐蚀与防护
虚拟仿真实验操作手册

一、PC 端网页版软件使用说明和操作指南

（一）进入虚拟仿真实验页面

具体操作步骤为：

1. 输入网址，点开虚拟仿真实验操作页面

在 PC 端打开网页，输入网址：https：//www. mools. net/lims/web/DeclarationWebsite/ enterexp. html？School_id＝MTQx，点开即进入"除盐水中碳钢的腐蚀与防护虚拟仿真实验"（页面如下）。

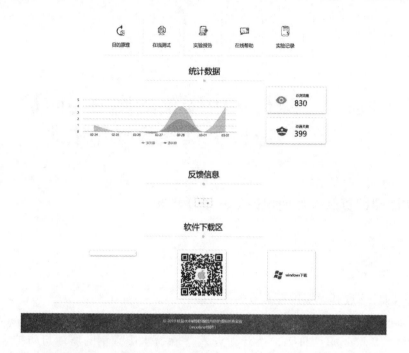

注意：图中间框区域是本虚拟仿真实验操作界面，点击此界面右下角"全屏"则进入全屏操作模式。

2. 遇到问题的解决途径

（1）在 Moolsnet 微信公众号中留言；

（2）联系电话、微信：18842691710（徐蓝蓝）。

（二）软件操作页面介绍

1. 软件登录界面

目前无需账号、密码登录，点击界面中的"练习模式"或"考试模式"都会弹出包括"基本操作""实验练习"和"实验考核"的界面如下。

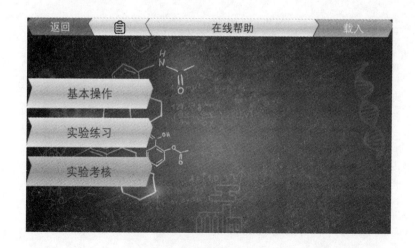

2. 实验关卡登录界面

（1）选择任意实验关卡。

（2）点击"载入"，载入所选择的虚拟实验关卡。

例 1：点击"基本操作"，会弹出如下图所示的实验关卡选择界面，是供学习的虚拟仿真实验操作步骤场景，共 11 个。

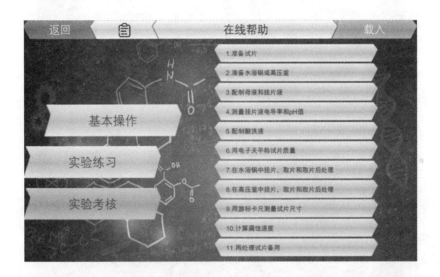

点击上图中任意一个场景，如第 1 个场景并点击"载入"，则出现如下实验关卡界面。

这样，就可以开始学习这个场景里的规范实验操作。建议初学者从 1 到 11 顺序学习。

例 2：点击"实验练习"，会弹出如下图所示的实验关卡选择界面，是供学习和探究的 23 个虚拟仿真实验。

点击上图中任意一个虚拟仿真实验场景，如第 12 个场景并点击"载入"，则出现如下实验关卡界面。

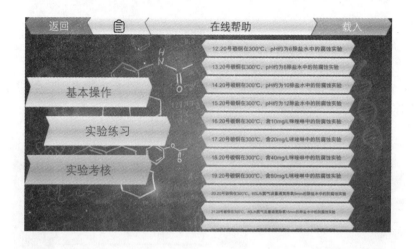

例 3：点击"实验考核"，会弹出如下图所示的实验关卡选择界面，是供考核的 5 个虚拟仿真实验。

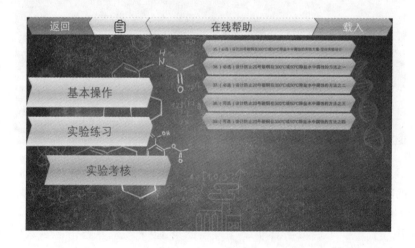

　　点击上图中任意一个虚拟仿真实验场景，如第 35 或 36 个场景并点击"载入"，则出现如下实验关卡界面 1 或界面 2。

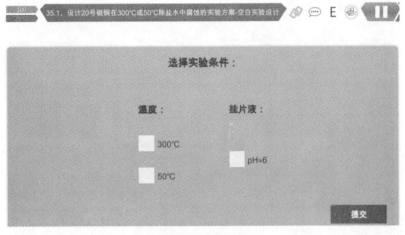

实验关卡界面 1

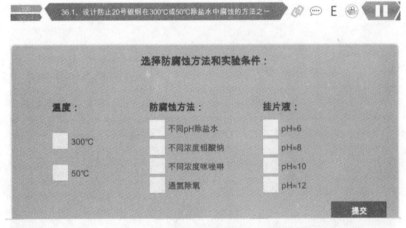

实验关卡界面 2

　　在界面选择防腐蚀方法和实验条件并点击"提交"，进入实验操作步骤排序界面，对实验操作步骤排序后点击"提交"，则进入实验操作考核界面。

（三）功能介绍

1. 操作提示功能

　　在实验关卡操作界面中，右上角为功能按钮区，点击右上角按钮 T ，可以查看操作提示。操作时，首先根据操作步骤说明，如 1.1 将玻璃板放置在实验台中央 ，可以自主操作，也可以点击右上角 T 按钮，按提示操作。如下图所示，点击"T"按钮，操作对象会被闪烁提示

（注：单个物体闪烁，点击即可，两个物体闪烁，将绿色闪烁物体拖至红色闪烁物体）。清晰的操作提示可以给用户带来良好的操作体验。

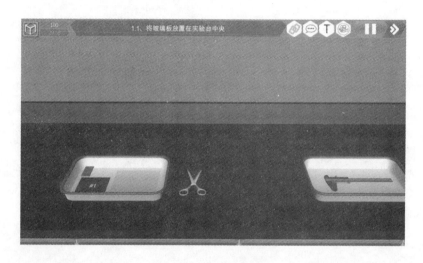

2. 功能设置

在虚拟仿真实验过程中，点击右上角 ▮▮ 暂停按键，会出现功能设置菜单栏，如下图所示，包括显示特效、标签提示、语音助手、自动提示、发音角色等功能选项按钮。

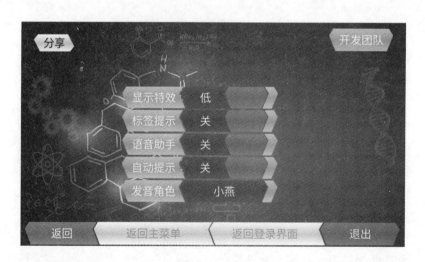

点击上图底部的"返回"按钮，可返回并继续进行虚拟仿真实验操作。注：网页版的上图底部工具条无"退出"按钮。

3. 语音提示功能

开启语音提示功能，包括点开语音助手 语音助手 开 和用户根据喜好选择发音角色 发音角色 小新 ，然后返回实验关卡界面，可以根据语音提示进行操作。图中，▶ 为声音 开/停按键，可随时打开或者暂停提示声音播放；■ 为声音重置按键，点击重置按键可将声音重置。

4. 系统计时、系统计分功能

在实验关卡界面中，左上角红色进度条 为系统计时进度条，用户可以查看已用时间，并需要在进度条时间走完之前完成整个实验；左上角蓝色进度条为系统计分进度条，用户可查看已扣分数，并需在进度条走完之前完成整个实验。

5. 隐藏菜单功能

点击实验关卡界面右上角，隐藏界面上面菜单栏。此时界面出现 T 按钮和 按钮，两个按钮的作用分别是提示功能以及返回至实验关卡选择界面。

6. 意见反馈功能

点击实验关卡界面右上角意见反馈按钮，可以在线对软件进行评价，即用户可根据使用体验等进行评论，包括提出自身对软件的看法和改进意见，并在线提交，开发人员会根据用户的意见反馈对软件进行升级与维护，让 App 更符合用户操作习惯，获得用户喜爱。

二、手机版 Mlbas 软件下载及使用说明和操作指南

（一）进入虚拟仿真实验页面

1. 注册和身份认证

用手机微信关注 Moolsnet 微信公众号或者扫下面的二维码，进行注册和身份认证，具体是用手机微信关注 Moolsnet 微信公众号或者扫下面的二维码进入微信公众号，在打开的页面右下角找到"系统平台"并点开，然后在点开的页面依次点"小程序""授权登录""允许""前往绑定-go to link""允许"、填写手机收到的验证码至绑定成功、选择身份、完善信息（如学校名称、学生姓名、学号）并保存成功。注意：学生进行注册也就是这里完善信息时需要填写真实信息，不需要上传照片。

2. 使用手机下载 MLabs 软件

（1）安卓下载一：进入前面步骤中已关注的 moolsnet 微信公众号，找到"资源下载"-"MLabs 下载"-"安卓下载（应用宝）"。注意：下载前请仔细阅读下载的注意事项，选择普通下载即可（选择安全下载会把应用宝也下载下来）。

（2）安卓下载二：在华为、小米等应用商店或者应用宝搜索"MLabs"下载。

（3）苹果下载：在 App Store 中搜索 MLabs 软件下载。

（4）登录 MLabs 软件（微信账号登录），点击"练习模式"，在打开的页面找到"综合研究实验"并点击，再在打开的页面找到"除盐水中碳钢的腐蚀与防护"并点击，则进入"除盐水中碳钢的腐蚀与防护虚拟仿真实验"操作界面。

3. 遇到问题解决途径

（1）在 Moolsnet 微信公众号中留言。

（2）联系电话、微信：18842691710（徐蓝蓝）

（二）软件操作及页面介绍

1. 软件登录及界面

点击程序图标，进入 App 登录界面，如下图。

　　登录界面显示有功能快捷入口，包括：分享按钮、注销按钮、练习模式登录按钮、考核模式登录按钮。

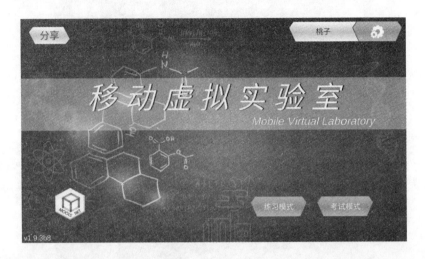

　　（1）登录需要关联微信账号。

　　（2）分享按钮：点击分享按钮 分享 ，可将该 App 分享给微信好友或者分享至微信朋友圈。

　　（3）在练习模式 练习模式 下，用户可以根据操作"T"提示进行操作训练，下图为练习模式下的提示功能示意图。在考试模式 考试模式 下，没有"T"的操作提示。

　　（4）注销：当用户需要退出登录账号时，点击右上角 按钮后再点击"退出"（如下图），即可退出。

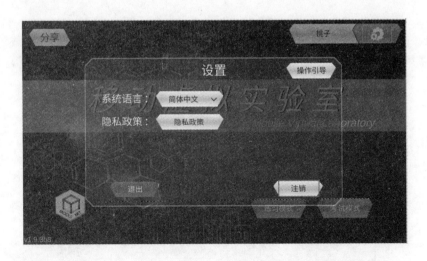

2. 实验登录及界面

　　点击练习模式图标，进入实验登录界面。

　　登录实验界面有功能快捷入口，包括："返回"按钮和"查询"按钮。

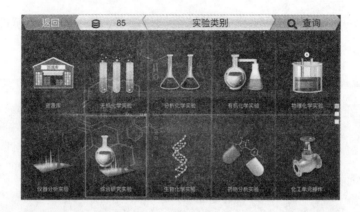

因为"除盐水中碳钢的腐蚀与防护虚拟仿真实验"在"综合研究实验"中，选择"综合研究实验"并点开，找到"除盐水中碳钢的腐蚀与防护"。

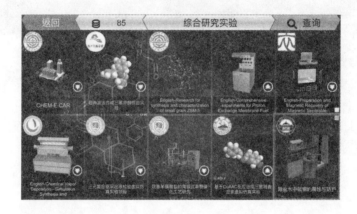

3. 实验关卡登录及界面

找到"除盐水中碳钢的腐蚀与防护"并点开；然后点击"学习模式"或"练习模式""考核模式"，选择任意实验关卡，点击"载入"，载入所选择的虚拟实验关卡。

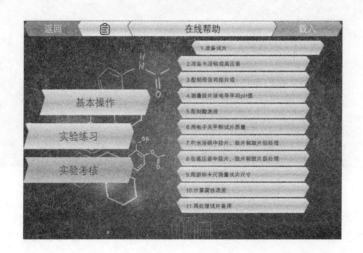

实验关卡界面有功能快捷入口，包括："返回"按钮、"载入"按钮、实验关卡选择功能、实验操作步骤说明文字。

（三）功能介绍

手机版的功能基本上同网页版的，只是多一个下面介绍的"在线帮助功能"，其余不赘述。

手机版在线帮助功能：

点击实验关卡界面的蓝色图标，如 1.1 将玻璃板放置在实验台中央 ，返回至实验关卡选择界面，如下图。

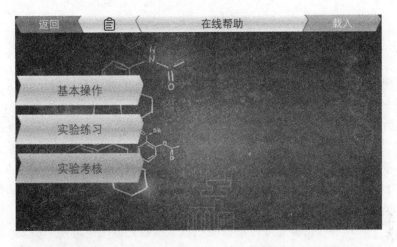

点击在线帮助按钮 在线帮助 ，可以浏览实验关卡通关攻略，如下图所示。

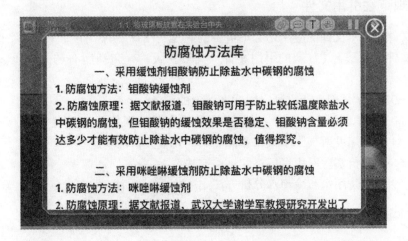

直接点击实验关卡界面中右上角 图标，也可以浏览如上图所示的实验关卡通关攻略。

附录二 水中铁的测定方法
——1，10-菲啰啉分光光度法

摘自"中华人民共和国国家标准《锅炉用水和冷却水分析方法 铁的测定》（GB/T14427—2017），该标准为中华人民共和国国家质量监督检验检疫总局、中国国家标准化管理委员会 2017-09-07 发布 2018-04-01 实施。

一、范围

本标准规定了锅炉用水及工业循环冷却水中总铁、可溶性总铁和可溶性铁（Ⅱ）的测定方法。

本标准适用于锅炉用水和冷却水系统铁的测定，其中 1，10-菲啰啉分光光度法适用于 0.01 ~5mg/L 铁的测定，铁含量高于 5mg/L 时可将样品适当稀释后再进行测定；4，7-二甲苯-1，10-菲啰啉分光光度法适用于含量为 10 ~200 μg/L 铁的测定；火焰原子吸收光谱法适用于 0.1 ~5mg/L 铁的测定，铁含量高于 5mg/L 时可将样品适当稀释后再进行测定；石墨炉原子吸收光谱法适用于 1 ~100 μg/L 铁的测定。

本标准中 1，10-菲啰啉分光光度法及火焰原子吸收光谱法也适用于地表水、地下水及化工、冶金、轻工、机械等工业废水中铁的测定。

二、规范性引用文件

下列文件对于本文件的应用是必不可少的。凡是注日期的引用文件，仅注日期的版本适用于本义件。凡是不注日期的引用文件，其最新版本（包括所有的修改单）适用于本文件。

GB/T 602 化学试剂 杂质测定用标准溶液的制备

GB/T 603 化学试剂 试验方法中所用制剂及制品的制备

GB/T 4470 火焰发射、原子吸收和原子荧光光谱分析法术语

GB/T 6682 分析实验室用水规格和试验方法

GB/T 6907 锅炉用水和冷却水分析方法 水样的采集方法

三、术语和定义

GB/T 4470 界定的术语和定义适用于本文件。

四、通则

警示——本标准所使用的强酸具有腐蚀性，使用时应避免吸入或接触皮肤。溅到身上

74

应立即用大量水冲洗，严重时应立即就医。

本标准所用试剂和水，除非另有规定，应使用分析纯试剂和符合 GB/T 6682 三级水的规定。

实验中所需杂质标准溶液、制剂及制品，在没有注明其他要求时，均按 GB/T 602、GB/T 603 的规定。

五、1，10-菲啰啉分光光度法

1. 原理

铁（Ⅱ）菲啰啉络合物在 pH 值为 2.5 ~9 是稳定的，颜色的强度与铁（Ⅱ）存在量成正比。在铁含量小于 5.0mg/L 时，铁（Ⅱ）浓度与吸光度呈线性关系。最大吸光值在 510nm 波长处。

反应式为：

2. 试剂或材料

2.1　硫酸溶液：1+3。

2.2　盐酸溶液：2+1。

2.3　氨水溶液：1+1。

2.4　乙酸缓冲溶液：溶解 40g 乙酸铵（CH_3COONH_4）和 50mL 冰乙酸于水中并稀释至 100mL。

2.5　盐酸羟胺溶液：100g/L。溶解 10g 盐酸羟胺（$NH_2OH \cdot HCl$）于水中并稀释至 100mL。此溶液可稳定放置一周。

2.6　过硫酸钾溶液：40g/L。溶解 4g 过硫酸钾（$K_2S_2O_8$）于水中并稀释至 100mL，室温下贮存于棕色瓶中。此溶液可稳定放置一个月。

2.7　铁标准贮备溶液：100mg/L。称取 50.0mg 铁（纯度 99.99%），精确至 0.1mg，置于 100mL 烧杯中，加 20mL 水、5mL 盐酸溶液，缓慢加热使之溶解。冷却后定量转移到 500mL 容量瓶中，用水稀释至刻度，摇匀。此溶液贮存于耐蚀玻璃或塑料瓶中，可稳定放置一个月。也可按 GB/T 602 的规定进行配制，或采用市售标准溶液。

2.8　铁标准溶液Ⅰ：20mg/L。移取 100mL 铁标准贮备溶液于 500mL 容量瓶中，加入 5mL 盐酸溶液，用水稀释至刻度。使用当天制备该溶液。

2.9　铁标准溶液Ⅱ：0.2mg/L。移取 5mL 铁标准溶液Ⅰ于 500mL 容量瓶中，加入 5mL 盐酸溶液，用水稀释至刻度。使用当天制备该溶液。

2.10　1，10-菲啰啉溶液：5g/L。溶解 0.5g 1，10-菲啰啉盐酸盐（一水合物）

（$C_{12}H_9ClN_2 \cdot H_2O$）于水中并稀释至 100mL。或将 0.42g 1，10-菲啰啉（一水合物）（$C_{12}H_8N_2 \cdot H_2O$）溶于含有两滴盐酸溶液的 100mL 水中。此溶液置于棕色瓶中并于暗处保存，可稳定放置一周。

3. 仪器设备

3.1　分光光度计：可设定检测波长为 510nm。

3.2　吸收池：光程长至少 10mm，铁含量小于 1.0mg/L 时，宜选择光程较长的吸收池。

3.3　氧瓶（winkler 瓶）：容量 100mL。

3.4　微波消解器。

4. 样品

4.1　一般要求

按 GB/T 6907 的规定进行取样，并使用合适的容器，如聚乙烯瓶。

4.2　总铁

取样后立即用硫酸酸化至 pH≤1。总铁包括水体中的悬浮性铁和微生物体中的铁。测定时应于移取水样前将酸化后的水样剧烈振摇均匀，并立即吸取，以防止重复测定结果出现很大差别。

4.3　可溶性总铁

取样后立即过滤样品，将滤液酸化至 pH≤1。

4.4　可溶性铁（Ⅱ）

加 1mL 硫酸于氧瓶中，用水样完全充满，避免与空气接触。

5. 实验步骤

5.1　校准曲线的绘制

5.1.1　用移液管量取一定体积的铁标准溶液Ⅰ或铁标准溶液Ⅱ于一系列 50mL 容量瓶中，制备一系列浓度范围的含铁校准溶液。校准溶液的浓度范围应与待测试液含铁浓度相适应。加 0.5mL 硫酸溶液于每一个容量瓶中，加水稀释至约 40mL。

5.1.2　在各容量瓶中加 1mL 盐酸羟胺溶液，并充分搅匀，放置 5min。

5.1.3　分别用氨水溶液调节溶液的 pH 值至约 3，然后加 2mL 乙酸缓冲溶液使 pH 值为 3.5~5.5，最好为 4.5；再加 2mL 1，10-菲啰啉溶液；再用水稀释至刻度，摇匀，于暗处放置 10min。

5.1.4　用分光光度计于波长 510nm 处，以试剂空白为参比测定各溶液吸光度。当所测水样铁离子浓度为 0.01mg/L ~1mg/L 时，采用 50mm 吸收池；铁离子浓度大于 1mg/L 时，采用 10mm 吸收池。

5.1.5　以铁离子浓度（mg/L）为横坐标、所测吸光度为纵坐标绘制校准曲线或计算回归方程。

5.2　水样的测定

5.2.1　总铁的测定。

5.2.1.1　用移液管量取 50mL 试样（见 4.2）于 100mL 锥形瓶中，加 5mL 过硫酸钾溶液，微沸约 40min，剩余体积约 20mL；冷却至室温后转移至 50mL 容量瓶中并补水至约

40mL。或者用移液管量取 50mL 试样（见 4.2）于微波消解杯中，于微波消解器消解后转移至 50mL 容量瓶中并补水至约 40mL。

5.2.1.2　以下按 5.1.2~5.1.4 步骤进行操作。

5.2.2　可溶性总铁的测定。

用移液管量取 40mL 试样（见 4.3）于 50mL 容量瓶中，以下按 5.1.2~5.1.4 步骤进行操作。

5.2.3　可溶性铁（Ⅱ）的测定。

用移液管量取 40mL 试样（见 4.4）于 50mL 容量瓶中，以下按 5.1.2~5.1.4 步骤进行操作。

6. 实验数据处理

铁含量以质量浓度 ρ 计，数值以毫克每升（mg/L）表示，按下式计算：

$$\rho = \rho_0 V_0 / V \tag{1}$$

式中：ρ_0——由校准曲线查得或按回归方程计算出的铁离子浓度的数值，单位为毫克每升（mg/L）；

　　　V_0——定容体积的数值，单位为毫升（mL），$V_0 = 50mL$

　　　V——量取水样的体积的数值，单位为毫升（mL）。

报告结果时应指明所测铁的形式及有效位数。

a）铁浓度为 0.010mg/L~0.100mg/L 时，结果应精确到 0.001mg/L；

b）铁浓度为 0.100mg/L~10mg/L 时，结果应精确到 0.01mg/L；

c）铁浓度大于 10mg/L 时，结果应精确到 0.1mg/L。

7. 允许差

在同一实验室，由同一操作者使用相同设备，按相同的测试方法，并在短时间内对同一被测对象相互独立进行测试，获得的两次独立测试结果的绝对差值，不大于这两个测定值的算术平均值的 5%。

六、4，7-二苯基-1，10-菲啰啉分光光度法

1. 原理

在 pH 值为 3~4 的条件下，试样中的铁（Ⅱ）与 4，7-二苯基-1，10-菲啰啉生成红色的络合物，用正丁醇萃取，测定其吸光度进行定量。此络合物的最大吸收波长为 533nm。

2. 试剂或材料

2.1　水：符合 GB/T 6682 中一级水的规定。

2.2　盐酸：优级纯。

2.3　硝酸：优级纯。

2.4　硫酸：优级纯。

2.5　氨水：优级纯。

2.6　正丁醇：优级纯。

2.7　乙醇（95%）。

2.8　盐酸溶液：1+1。

2.9　盐酸溶液：1+9。

2.10　氨水溶液：1+1。

2.11　盐酸羟胺溶液：100g/L。盐酸羟胺溶液应提纯后使用。提纯方法如下：取100mL盐酸羟胺溶液，使用酸度计用氨水溶液或盐酸溶液（1+9）调节pH值至3.5，转移至分液漏斗，加入6mL 4，7-二苯基-1，10-菲啰啉溶液，混匀后，放置1min，然后加入正丁醇20mL，振荡1min，静置分层，移出水层，并弃去醇层，再加入3mL4，7-二苯基-1，10-菲啰啉溶液和20mL正丁醇重复萃取，静置20min，弃去醇层。

2.12　铁标准贮备溶液：100mg/L。同2.7。

2.13　铁标准溶液：0.5mg/L。移取1.00mL铁标准贮备溶液置于200mL容量瓶中，加入2mL盐酸溶液（1+9），用水稀释至刻度，摇匀。此溶液现用现配。

2.14　4，7-二苯基-1，10-菲啰啉溶液：称取0.4175g 4.7-二苯基-1.10-菲啰啉〔（C_6H_5）$_2C_{12}H_6N_2$〕溶于500mL乙醇（95%）中，摇匀，贮于棕色瓶中，并在暗处保存。

3. 仪器设备

3.1　分光光度计：可设定检测波长为533nm，并附有30mm或50mm吸收池。

3.2　分液漏斗：150mL。

3.3　酸度计。

4　样品

同"五"中"4"。所用取样瓶、玻璃器皿，均应用盐酸溶液（1+1）浸泡，然后用水充分洗干净。

5. 实验步骤

5.1　校准曲线的绘制

5.1.1　分别用移液管量取0.00mL（试剂空白）、1.00mL、2.00mL、3.00mL、4.00mL、5.00mL铁标准溶液（见2.13）于6个50mL容量瓶中，用水稀释至刻度，摇匀。该系列校准溶液的铁含量分别为0μg/L、10μg/L、20μg/L、30μg/L、40μg/L和50μg/L。

5.1.2　将配制好的校准溶液分别转移到150mL分液漏斗中，加入2.0mL盐酸羟胺溶液，摇匀，静置5min，再加入3mL 4，7-二苯基-1，10-菲啰啉溶液，振荡30s。然后一面摇动一面滴加氨水溶液至呈显著浑浊状态，再滴加盐酸溶液（1+9）至溶液刚好透明为止。此时pH值为3.5，停留1min。

5.1.3　加15.00mL正丁醇，剧烈振摇1min，然后停留至少15min使之完全分离，弃去水层，将醇层转移至25mL的容量瓶中，用10.00mL乙醇冲洗分液漏斗内表面（旋转冲洗）并收集于该容量瓶，混匀。

5.1.4　使用分光光度计，用30mm或50mm吸收池，在533nm波长处，以15.00mL正丁醇和10.00mL乙醇混合溶液作参比，测定其吸光度。

5.1.5　以铁含量（μg/L）为横坐标、对应的吸光度为纵坐标，绘制校准曲线或计算出回归方程。

5.2　水样的测定

5.2.1　总铁的测定。

用移液管量取 50mL 试样（见"六"中"4"，同"五"中"4"）于 150mL 分液漏斗中，然后按 5.1.2 ~5.1.4 步骤操作，测定吸光度。同时作单倍试剂和双倍试剂空白实验，双倍试剂减去单倍试剂空白值即得试剂空白值。水样吸光度值减去试剂空白值后，从校准曲线查得或按回归方程计算出试样铁含量。

5.2.2　可溶性总铁的测定。

按 5.2.1 步骤进行测定。

5.2.3　可溶性铁（Ⅱ）的测定。

不加盐酸羟胺溶液，按 5.2.1 步骤进行测定。

6. 实验数据处理

铁含量以质量浓度 ρ 计，数值以微克每升($\mu g/L$)表示，按下式计算：

$$\rho = \rho_0 V_0 / V \tag{2}$$

式中：ρ_0——由校准曲线查得或按回归方程计算出的铁含量的数值，单位为微克每升（$\mu g/L$）；

　　　V_0——定容体积的数值，单位为毫升（mL），$V_0 = 50mL$

　　　V——量取水样的体积的数值，单位为毫升（mL）。

报告结果时应指明所测铁的形式及有效位数。

a）铁浓度为 10 $\mu g/L$ ~100 $\mu g/L$ 时，结果应精确到 0.01 $\mu g/L$；

b）铁浓度为 100 $\mu g/L$ ~200 $\mu g/L$ 时，结果应精确到 0.1 $\mu g/L$；

7. 允许差

在同一实验室，由同一操作者使用相同设备，按相同的测试方法，并在短时间内对同一被测对象相互独立进行测试，获得的两次独立测试结果的绝对差值，不大于这两个测定值的算术平均值的 10%。

参 考 文 献

[1] 谢学军，等 编著．电力设备腐蚀与防护［M］．北京：科学出版社，2019.

[2] 谢学军，付强，廖冬梅，等．金属腐蚀及防护效益分析［M］．北京：中国电力出版社，2015.

[3] 谢学军，龚洞洁，许崇武，等．热力设备的腐蚀与防护［M］．北京：中国电力出版社，2012.

[4] 周柏青，陈志和．热力发电厂水处理［M］．第五版．北京：中国电力出版社，2019.

[5] 李培元，周柏青．发电厂水处理及水质控制［M］．北京：中国电力出版社，2012.

[6] 陈志和．水处理技术［M］．北京：中国电力出版社，2013.

[7] 魏宝明．金属腐蚀理论及应用［M］．北京：化学工业出版社，2004.

[8] 查全性．电极过程动力学导论［M］．第三版．北京：科学出版社，2002.

[9] 曹楚南．腐蚀电化学原理［M］．第三版．北京：化学工业出版社，2008.

[10] 朱日彰．金属腐蚀学［M］．北京：冶金工业出版社，1989.

[11] 刘永辉，张佩芬．金属腐蚀学原理［M］．北京：航空工业出版社，1993.

[12] M. G. 方坦纳，N. D. 格林著．腐蚀工程［M］．左景伊译．北京：化学工业出版社，1982.

[13] 中国腐蚀与防护学会．金属腐蚀手册［M］．上海：上海科学技术出版社，1987.

[14] 火时中．电化学保护［M］．北京：化学工业出版社，1988.

[15] A. A. 科特，等著．火力发电厂大容量机组水化学工况［M］．沈祖灿译．北京：电力工业出版社，1982.

[16] П. A. 阿科利津．热能动力设备金属的腐蚀与保护［M］．沈祖灿译．北京：水利电力出版社，1988.

[17] A. B. BAйHMAH 著．高压汽包炉腐蚀的防止［M］．钱达中、彭珂如译．北京：水利电力出版社，1995.

[18] 谢学军，龚洞洁，彭珂如．咪唑啉类缓蚀剂 BW 的高温成膜研究［J］．腐蚀科学与防护技术，2010，22（5）：423-426.

[19] 王小平，刘新月，米建文，等．NaOH 调节汽包锅水的运行效果与技术分析［J］．中国电力，2002，35（9）：25-27.

［20］朱琳.扫描电子显微镜及其在材料科学中的应用［J］.吉林化工学院学报，2007，
　　　24（2）：81-84，92.

［21］陈江博.PLD 制备 InGaZnO 薄膜及其物理性质研究［D］.北京：北京工业大学，
　　　2012.

［22］谢学军，张瑜，李嘉晨.低电导率水中碳钢缓蚀剂咪唑啉的研究进展［J］.水处理
　　　技术，2020，46（9）：15-18.

［23］谢学军，李嘉晨，张瑜.与电厂化学有关的几个问题的探讨［J］.电力与能源，
　　　2020，41（4）：534-537.

［24］Xie Xuejun, LiJiachen, Zhang Yu. Corrosion Mechanism of Copper in Desalted Water
　　　［J］. Materials Performance, 2020, 59（9）：40-43.

［25］Xie Xuejun, Zhang Yu. Study on Inhibition Mechanism of an Imidazoline Derivative［J］.
　　　Materials Performance, 2019, 58（11）：46-49.

［26］Rui Wang, Xuejun Xie, Zhang Yuanlin, etc. , Aluminum Corrosion Influenced by
　　　Temperature in Deionized Water［J］. Materials Performance, 2018, 57（4）：44-48.

［27］Xie Xuejun, Zhang Yuanlin, Wang Rui, etc. Research on the effect of the pH value on
　　　corrosion and protection of copper in desalted water［J］. Anti-Corrosion Methods and
　　　Materials［J］. 2018, 65（6）：528-537.